サラっとできる！

フリー統計ソフト

EZR (Easy R) で

カンタン

統計解析

神田 善伸 著

Ohmsha

まえがき

　確率・統計というと、苦手意識をもっている方々も多いのではないかと思います。でも、世の中の様々な出来事を統計解析によって見直してみると、自信をもてなかった考えが確証に変わったり、思い込みを覆されたり、あるいは意外な発見があったり、……といった貴重な体験ができます。

　このような体験を多くの人に味わっていただきたい、そして多くの人に統計解析に興味をもっていただきたい……しかし、その一歩を踏み出していただくには統計学はハードルが高い。このハードルを少しでも楽に跳び越えられるよう、本書では、3人の大学生（海樹、桃子、奈央）に活躍してもらうことにしました。桃子と奈央は、統計学については完全な素人ですが、海樹が親切にサポートしてくれるおかげで、統計解析の面白さに気づいていきます。

　そんな海樹が統計解析で使うのが、EZR（Easy R）です。EZR の開発経緯は本書の中で紹介していますが、もともとは医学研究のために開発したものでした。しかし、EZR は、広範に利用され信頼性が高い統計解析ソフト「R」をベースとしている（しかも無料で使える！）ので、医学に限らず、あらゆる領域で役に立ちます。是非、ご自身のパソコンに EZR をインストールして、3人とともに統計解析を楽しんでください。そうすれば、次のステップとして数式や文字の多い統計学の本もすんなり読み始めることができると思います。

　本書を作り上げるにあたって、オーム社の津久井さんには企画段階から大変お世話になり、おかげさまで本書の刊行が実現することになりました。また、私は絵心が皆無なのですが、私が執筆した統計に関する文章と3人の簡単なストーリーを、オフィス sawa の澤田さんがわかりやすく漫画やイラストにしてくださいました。私の頭の中で考えていた登場人物も、個性を加えていただき、紙面から飛び出しそうなぐらいに生き生きと動き出しました。エンディングも私の案よりもきれいにまとまっています。オーム社の齊藤さんには文章、統計学的な解説を含め、微細にわたって綿密に確認していただき、精度の高い仕上がりになりました。そして、メールでのやりとりはいつも真剣そのものでした。その中でも印象的だった対話を紹介します。第5章で扱う生存解析のサンプルデータにある、カップル成立時の状況についてです。当初の私の原稿では、状況の1つを「SNS・ナンパ」としていました。

齊：今のご時世、「ナンパ」はなしにして「SNS」だけのほうがいいのではないでしょうか？

神：確かにそうですね。私はジュラ紀の前のジュリアナ紀の人間なもので……

齊：「ジュラ紀前は原人もおらんがな！！」…このツッコミは正解でしょうか？

神：はい、正解です。別解は「ジュラ紀の前は受話器や！ コードレスまだないで。」です。

齊：「ジュラ紀の前は三畳紀や。まだ鳩も飛んでない時代に電話も文通もできるか！」

　こんな執筆チームがお届けします。きっと、楽しく学んでいただけることと思います。本書を通じて統計解析が身近なものになり、何か疑問に思ったら海樹のようにすぐにパソコンを開いて、統計解析ができるようになる、そんなふうに本書が役立ってくれることを期待しています。

2020年10月

神 田　善 伸

【重要】
・EZR Ver 1.60 からバージョン 4.20 以降の R を使用しています。
　R は 4.20 から標準の文字コードとして UTF-8 を使用するようになったため、従来の Windows 形式の日本語を含むファイルがうまく読み込めない場合があります。対応方法については FAQ を参考にしてください。

　FAQ のページ
　https://www.jichi.ac.jp/saitama-sct/SaitamaHP.files/statmedFAQ.html

目 次

v

【本書ご利用の際の注意事項】

・本書の解説では、Windows 版の EZR（Version 1.53）を使用しています。本書に掲載した操作画面やダイアログ等の表示は、EZR や Windows のバージョン、モニターの解像度等により、お使いの PC とは異なる場合があります。

・本書の各章で使用するサンプルデータは、オーム社の Web サイト内にある本書紹介ページ（https://www.ohmsha.co.jp/book/9784274226328/）にて提供しています。ダウンロードしてご利用ください。

　なお、本サンプルデータの内容は架空のものであり、実際のデータではありません。また、本サンプルデータを利用したことによる直接あるいは間接的な損害に関して、著作権者およびオーム社はいっさいの責任を負いかねます。利用は利用者個人の責任において行ってください。

・EZR の動作確認済み OS は、次のとおりです（2020 年 10 月 1 日現在）。

　　Windows XP、7、8、8.1、10

　　macOS（Mac OS X、OS X）10.6（Snow Leopard）〜 10.15（Catalina）

　　Linux Ubuntu 11.10 〜 20.04

　　※本書では、Mac OS X、OS X、macOS をまとめて「macOS」と表記します。

プロローグ

....

雨の文化祭と統計学

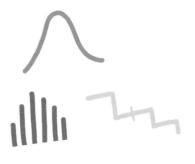

3

4

では、まずはサービスの紅茶をどうぞ。おかわりもお気軽にお申し付けくださいね。

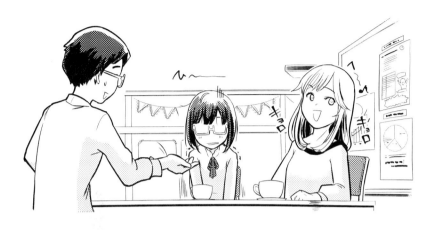

 あわわ、ありがとうございます…！ でも優しすぎて怖いかも。まさか毒や睡眠薬を盛られたり……。都会怖い…。ううぅ…どよーん…。

 いやいや、ごく普通の無害な紅茶ですから！！

 こらこら、奈央（なお）ってば～！ せっかく親切にしてもらってるのに、ネガティブな妄想はやめなさーい。そんなに、どんよりジメジメしてると、ホントに**雨女**っぽくなっちゃうよ？

 雨女…？？ そういえば、今日も雨ですね。

 あのね、聞いて聞いて。私桃子（ももこ）と、この子――奈央は、群馬の高校で同級生だったの。私は東京に進学して、奈央は地元の大学に通ってる。たまに東京に遊びにきてくれてるんだけど、でもね。

 私が上京した日って、雨が降っちゃうことが多いんですよ…。不思議なことに…。

今日は、この大学の文化祭の野外ライブ目当てで来たんだけど、それも中止になってね。暇でブラブラして、この部屋を見つけたってわけ。

 これってやっぱり、雨女ですよね。はぁ〜…。

 ふーむ、雨女疑惑というわけですか…。でもまあ、人間の感覚はちょっとした印象に左右されてしまうので、しっかり検証することが大事ですよね。

 へ？？　検証？

 えっとつまり、「たまたま偶然で気のせい」なのか、「本当にハッキリと雨女」なのか、調べて確かめるのが大切ってことですか？

 そうです。ほら、ここは**統計学**についてのサークルですし。……あ、申し遅れましたが、僕の名前は海樹（かいき）です。さあ、検証のためにも、まずは情報──**「データ」**が必要ですね！

 おおっ！？　なんだか張り切ってるねぇ、海樹くん。そんなに統計学とか検証……とかって面白いの？

 はい。**統計学は、得られたデータを活かして研究する学問**です。データを統計学的に解析することによって、**新しいことに気付いたり、仮説の真偽を確かめたり、未来を予測する**ことができるんですよ。

ちなみに僕は農学部ですけど、統計学は文系理系問わず、とても重要な学問だと思います。仕事や生活など、あらゆる場面で役に立ちますから。

 よ、よくわからないけど、なんだか凄そう…。
えっと、私が雨女かどうか調べるには、どんなデータが必要ですか？
過去に東京に来た日なら、スケジュール帳を見ればわかるんですけど。

バッチリですね。では、過去3か月の東京に来た日を教えてください。
それと、インターネットで東京に雨が降った日を調べてみましょう。
そうすると…ほら！

奈央が東京に来た日の
雨の割合
41.7%

奈央が東京にいない日の
雨の割合
18.8%

雨が降った割合をパーセントで表してみると、

$$\frac{（雨が降った日）}{（全体の日数）} \times 100$$ なので、今回の例では

$$\frac{5}{12} \times 100 = \mathbf{41.7\%} \quad と \quad \frac{15}{80} \times 100 = \mathbf{18.8\%}$$

となりました。

え、ええ〜〜〜！！？　やっぱり私が来た日の方が、雨が多いですよね。
こうして％の数字を見ると、余計にショックかも…。雨女確定…！！

いえいえ、そう結論づけるのは早計です。ちょっとお待ちくださいね。
ここからが大事なところです。

んん？？　急にノートパソコンを開いて、どうしたの？

はい、今回のデータをちゃんと解析してみようと思いまして。

「奈央さんが東京に来た日」と「来ていない日」では、確かに奈央さんが東京に来た日の方が、雨が多いようでした。

でも、この違いが**「たまたま偶然なのか」**それとも**「ハッキリと意味があるのか」**は、まだ分かりません。
偶然の範囲かどうか、これから確かめてみようというわけです。

そ、そんなこと、できるんですか？

はい。簡単にできますよ、というか、できました。

```
> summary.table
   X1 X2 Fisher検定のP値
1   7 65          0.125
2   5 15
```

フィッシャー（Fisher）の正確検定でP値が0.125となりました。統計学的にいうと、**まったくの偶然でも、12.5％の確率で起こる**ことです。よって、奈央さんが雨女と決めつけることはできません。

えーー、待って待って。フィッシャーって何？ 性格検定って占い！？
そして、どっからどーやって、0.125って数字が出てきたの〜？

フィッシャーは統計学者の名前です。検定などを詳しく説明すると長くなってしまうのですが…。**「統計解析」**といって、**データを統計学的に解析してみた**と思ってください。
このノートパソコンに入っている統計ソフトを使えば、簡単なんです。

あ、あのぉー、雨女確定じゃない…のは嬉しいんですけど。でも、急に「12.5％」と聞いても、いまいちピンと来ないというか。

では「12.5％」を実感していただくために、コインの話をしますね。表と裏のあるコインを想像してみてください。一般的には、表と裏の出る確率は、それぞれ **50％（＝ 0.5）** で同じはず、ですよね。

ですが、このコインを **100 回トスして、100 回とも表**が出たらどう思いますか？

そ、そんなの不自然で怪しいです。そのコインに、何かの仕掛けや原因があるのかな…と思います。

そうね。偶然じゃあり得ないから、手品の道具かな〜とか。とにかく、表が出やすいコインなんだと思うわ。

ですね。単なる偶然ではなく、「表が出やすいコイン」と考えられます。**では、3回トスして、3回連続で表**が出たらどうでしょう？

まあ、そのくらいは普通にあり得ることだと思います。

うんうん、偶然の範囲よね。

そうですね。さて、この「3回連続で表」の確率を計算すると…
$0.5 × 0.5 × 0.5 = 0.125$ で、12.5％
ほら。先ほどの「12.5％」と同じ確率なんですよ。

ええっと、つまり…。私が東京に来た日に雨が多かったのも、「コインが3回連続で表が出たのと同じような確率」ってことですか？
そう考えると、たいしたことないですね。**たまたま起こった単なる偶然**かもしれない！

おおっ、奈央がちょっと明るくなった。
雨のこと気にして落ち込んでたっぽいから、良かったよ～。

わー、心配かけてごめんね！ それにしても、何だか不思議だなぁ。
「41.7％ と 18.8％」の差を見たときは雨女確定！って落ち込んだのに。
統計学的に出てきた「12.5％」の説明を聞くと、なーんだ単なる偶然なんだーって少し安心したり…。

私、ネガティブで**思い込みが激しい**けど…。だからこそ、情報を正しく分析しないといけない気もする。
ひょっとして…統計学って、とても大事な学問なのでは…？

そのとおりです。統計学はとても重要で、そして面白いんです！
それに、便利な無料の**統計ソフト「EZR」**もあるので、誰でも簡単に気軽に始められますよ。

へえ～。ねえねえ、他にお客さんも来ないみたいだし。もし良かったらもっと話を聞かせてくれる？

はい、もちろんです！ それでは EZR を使って、サクッと気軽に統計学を学んでみましょうか。

第**1**章

結婚するならスポーツ選手？
～平均値と中央値～

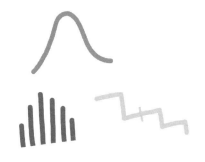

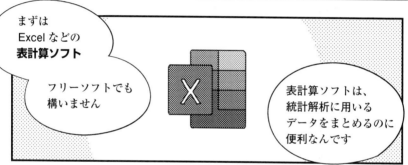

 得られたデータを統計学的に要約したり検証したりすることを、
「統計解析」といいます。
まずは最初に、基本的なイメージを説明していきますね。

たくさんのリンゴを想像してみてください。リンゴは、同じ品種でも一つひとつ少しずつ重さが違いますよね。様々な原因（肥料、日当たりなど）もしくは偶然によって、重さにバラつきが生じています。

先ほどの例のように、コインを3回トスした場合にも、表が出る回数は0回のこともあれば、1回、2回、3回のこともあります。

このように**バラつきのあるデータについて、平均値などを調べることでデータの全体像を把握する（要約する）ことを、**「統計解析」といいます。

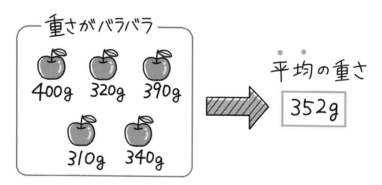

 「平均身長」とか「年間の平均旅行回数」とか、平均はよく聞くわね。
バラバラの値だからこそ、平均を調べることに意味があるってわけね。

あるいは、より大きな**母集団からいくつかのサンプル（標本）を抜き出して調べることで、母集団の性質を推測したりすることも、**「統計解析」です。

サンプルと母集団の関係については、選挙の出口調査（サンプル）によって選挙区全体の投票数（母集団）を予測することをイメージするとよいでしょう。

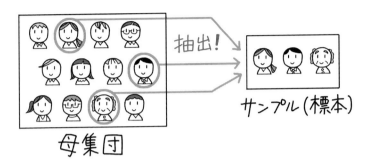

 全員を調査しなくても、一部の人を調査をするだけで、推測できるのかぁ。そういえば選挙の当選確実の速報は、とても速いですよね。

統計解析は基本的な考え方を理解していれば、実際の計算はソフトウェアに任せてしまって構いません。

無料統計ソフトの **EZR（Easy R）を使用すれば、簡単なマウス操作だけで基本的な統計解析のほとんどが実行できます。**

読者のみなさまへ

統計ソフト「**EZR**」の**インストール方法と操作方法**、表計算ソフトの説明などを、P.169以降の付録にまとめています。
そちらを参照しながら、EZRのインストール、操作の確認などを行っていただくようお願いします。

 ん～。そもそもEZRって、どんなものなの？

 よくぞ聞いてくれました！「EZRの誕生秘話」の漫画を、次ページに用意しました。インストールを行いながら、ぜひ読んでくださいね。

＼ フリー統計ソフト ／
EZR（Easy R）の誕生秘話

EZR を開発した
神田善伸先生は

血液病の診療や
研究をしている
血液内科医です

兵庫県神戸市
出身

大学時代は
弱小バレー部に
所属

専門は
白血病、リンパ腫などの
造血器腫瘍の診察と
造血幹細胞移植です

へー 統計の専門家じゃなくて
お医者さんが作ったんだ
なんでだろ？？

病気に関する研究のためには、
患者さんのデータの
統計解析が重要

多くの臨床医や研究者の間で、
データを蓄積・共有したいのですが…

ここで問題が…

統計解析のソフトウェアは
とーっても、**高額**なのです。

ぼったくり
なのでは！！??
高っ！！

血液病の研究のためにも
みんなで「共通のソフト」で
話ができたら
いいんだけどなぁ…

とほほ…

そんなある日、試しに
無料の統計ソフト「R」を
使ってみることにしました。

ぱぁぁぁぁっ！！

……でも

おおっ
噂には聞いていたけど
こりゃ凄い！！
素晴らしい！！！

でも??

でも…

**初心者には
難しいな**

だけど

ええっと……
操作を簡単にしたり、
解析機能を増やせる
方法もあるのか…

Rコマンダー

ふむふむ…

よし、こうなったら

**便利で多機能な「R」が
もっと簡単に
使いこなせるような
ソフトを**

**自分で
開発してみよう！！！**

えーっ！
そんなこと
できちゃうの！？？

実は
神田先生の学生時代の
アルバイトは
プログラマー

パソコン雑誌に自作ゲームを
連載していたことも
あったのです

——こうして
開発を決意したのは、
2010年10月30日

よーし
やるぞっ!!

富山の出張からの帰路
特急はくたかの車内でした。

そして2011年の春頃にβ版の公開
2012年の初めにEZR(Easy R)の
正式バージョンを公開

自治医科大学附属さいたま医療センター
血液科のホームページへようこそ。
自治医科大学附属さいたま医療センター
Jichi Medical University Saitama Medical Center

******** Click here for English version ********

update

フリー統計ソフト EZR on Rコマンダー

医療統計ソフト
　市販の統計ソフトにはSAS, SPSS, STATA, JMPなど、信頼性、実績ともに申し分ないソフトウェアが多数あります。しかし、残念ながら個人で購入するには高価です。一方、Rはフリーの(無料で使用することができる)統計ソフトで、様々なパッケージを導入することによって多彩な統計解析を行うことができます。しかし、S言語に基づくスクリプトを入力して解析する必要があるため、扱いにくい部分がありました。Rの追加機能パッケージであるRコマンダーをRに組み込めば、SPSSやかつてのStatViewのように、マウス

その後もアップデート
し続けています。

開発を始めたときは
不安もあったそうですが

これ……
使ってくれる人
どのくらいいるのかな…

EZR自体は
医療系に限らず
幅広い分野で使えます

Easy の名のとおり
とっても簡単で
便利なんですよ!

おぉー!

ずーい!

現在では
大学などの統計学の講義でも
使われることが多くなり、
EZRを統計解析に使用した数多くの論文が
国際専門誌に掲載されています。

1-2 雨女の解析をやってみよう！
～カテゴリー変数の要約～

 ではこれから EZR を使って、先ほどの雨女の解析を実際にやってみましょう。まずはちょっと、**変数の種類**についてお話しますね。

解析をする場合には、取り扱う変数の種類を把握しておく必要があります。

身長や体重のように、データの間に切れ目がない変数を「**連続変数**」といいます。

一方、「文系」「理系」、あるいは「好き」「嫌い」のように、いくつかのカテゴリーに分類したデータは「**カテゴリー変数**」といいます。

解析方法は、主要評価項目の変数の種類によって異なる！

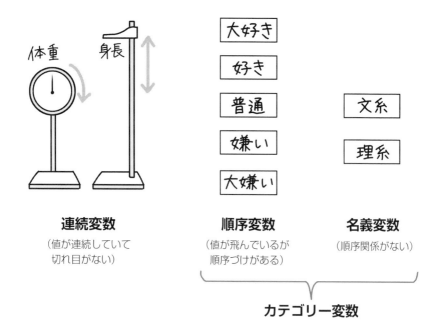

雨女かどうかは、「はい」か「いいえ」の2つの値をもつカテゴリー変数（名義変数）なので、 **統計解析 → 名義変数の解析 → 分割表の直接入力と解析** で解析します。

> 実際の操作の手順は、ウィンドウに現れるメニュー（上の文のグレーの部分）を順にクリックすればいいらしいよ！マウスで選ぶだけだから、ラクで便利だね〜。

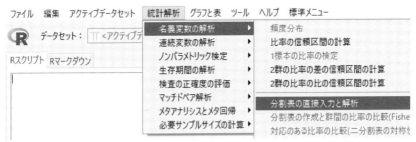

奈央さんが東京に来た日は12日中5日が雨、来なかった日は80日中15日が雨なので、わかりやすく表にすると次のようになります。

天気＼奈央	奈央が東京に来た	奈央が東京に来なかった
雨以外	**7**日	**65**日
雨	**5**日	**15**日
合計	12日	80日

次のページに、メニューを選択したときに現れるダイアログ（解析内容を指定するウィンドウ）の画像があります。このダイアログ内で、上の表の合計以外の部分の数値を直接入力しましょう。

そして、割合をパーセント表示させるために、「列のパーセント」のオプションを指定して、 ✓ OK をクリックすると結果が表示されます。

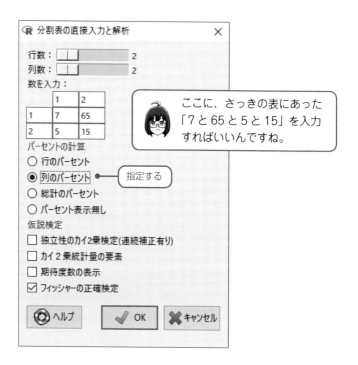

　「出力ウィンドウ」に、下の画像のように表示されます。出力ウィンドウを
スクロールして上から順に結果を見てみましょう。

　最後に**解析結果のサマリー**（summary：要約、まとめ）が表示されています。
検定については後で紹介しますが（第3章 P.71）、ここに表示されている**フィッ
シャー（Fisher）の正確検定のP値の0.125** が、海樹くんがプロローグで言っ
ていた「まったくの偶然でも 12.5% の確率で起こる」の根拠となっています。

出力

```
> #####分割表の直接入力と解析#####
> .Table <- NULL
> .Table <- matrix(c(7,65,5,15), 2, 2, byrow=TRUE)
> rownames(.Table) <- c('1', '2')
> colnames(.Table) <- c('1', '2')
> .Table  # Counts
  1  2
1 7 65          入力した表
2 5 15
```

```
> colPercents(.Table)  # 列のパーセント表示
          1     2
1      58.3  81.2
2      41.7  18.8
Total 100.0 100.0
Count  12.0  80.0
```

入力した表を
パーセント表示に変換した表

```
> fisher.test(.Table)

        Fisher's Exact Test for Count Data

data:  .Table
p-value = 0.1254
alternative hypothesis: true odds ratio is not equal to 1
95 percent confidence interval:
 0.07667075 1.49863057
sample estimates:
odds ratio
 0.3279976
```

Fisher の正確検定の結果。
P 値、オッズ比、オッズ比の 95% 信頼区間
が表示されている。

```
> res <- fisher.test(.Table)
> summary.table <- NULL
> summary.table <- data.frame(cbind(.Table, p.value=signif(res$p.value, digits=3)))
> summary.table$p.value[2:length(.Table[,1])] <- ""
> colnames(summary.table)[length(.Table[1,])+1] <- gettextRcmdr("Fisher.p.value")
```

※信頼区間は、コラム P.38 にて解説します。

```
> summary.table
  X1 X2 Fisher検定のP値
1  7 65          0.125
2  5 15
```

解析結果のサマリー

あーっ！ この「0.125」は、さっき海樹くんが言ってた数字だわ。
確かに簡単な操作で、パパッとできちゃったね〜。

はい。実際の計算は、ソフトに丸投げできるのです！
これで「奈央さんが東京に来た日」と「来なかった日」の違いが、**偶然
の範囲かどうか**、が検証できました。

もし、偶然で済まされないほどの違いだったら…そこに何らかの原因が
あるはず、と考えられるのかぁ。
「薬を飲んだ」と「飲んでいない」の違いを比較して、薬の効き目につ
いて検証したり、いろいろなことができそうですね。

プロ野球選手の平均年俸は！？
～連続変数の要約～

 ところで、少し前に平均の話題が出てきたけど、**「平均年収」** もよく聞く言葉だよね。もしかして、そういうのも解析できちゃうのかな。

 へ？ 急に年収の話？ モモちゃん、何か気になることでもあったの？

 えへへ。実はね、私が行ってる大学の卒業生で、女子アナの人がいてさ。プロ野球選手と結婚したらしいんだけど、プロ野球選手の収入ってやっぱりすごいのかな～？

 ではせっかくなので、実際に解析してみましょうか。ちなみに野球選手の収入は、年収ではなく、年俸という契約だそうです。

　年俸の**データの読み込み方**について、3つの方法を紹介します。

＜ Rのオリジナルの形式で保存されたデータファイルを読み込む場合＞

　Rのオリジナルの形式（拡張子が.rda）のデータファイルを読み込む場合は、

 ファイル → 既存のデータセットを読み込む を選択します。

ここでは、サンプルデータ「年俸.rda」を読み込みます。EZR のウィンドウの上部にある ［表示］ をクリックすると、解析対象のデータを表示することができます。

＜ Excel などのデータファイルを読み込む場合＞

Excel などの表計算ソフトで作成したデータファイルを読み込むには、そのファイルが Excel の形式（拡張子が .xlsx など）で保存されている場合は

🖱 **ファイル → データのインポート → Excel のデータをインポート** を選択します。ただし、ファイル名や保存されているフォルダー名は、日本語を含む全角文字が使用できないことに注意しましょう。

＜データをコピーして EZR に貼り付ける／ CSV ファイルを読み込む場合＞

　EZR では、表計算ソフトやインターネット上にある情報をコピーして、そのまま EZR に読み込んで使用することができます。

　読み込みたい部分をコピーしておいて、<img> ファイル → データのインポート → ファイルまたはクリップボード，URL からテキストデータを読み込む で、下のようなダイアログを表示します。「データファイルの場所」を「クリップボード」に、「フィールドの区切り記号」を「タブ」に指定します。

　また、CSV ファイル（通常はデータがカンマで区切られたテキストファイルで、拡張子が .csv）の読み込みは、下のダイアログを表示させ、「データファイルの場所」は「ローカルファイルシステム」を指定します。

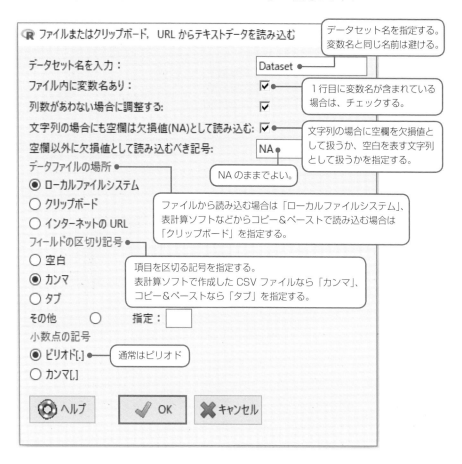

データセット名は自分で設定できます。EZR で解析する際にはその名前を使用することになります。なお、データセットの設定の際は次のことに注意しましょう。

データセットを設定する際の注意点

 データセット名や変数名に、カンマ（,）やスペースなどを使わないこと。ですので、区切りをつけたい場合はアンダースコア（_）かピリオド（.）を使います。

 演算子の文字（+、−、*、/、=、!、$、% など）を使わないこと。

 データセット名の 1 文字目に数字を使わないこと。

 このようにして、年俸のデータを EZR に読み込みます。
さあ、これからいよいよ解析です！

　では、この年俸のデータの概要をつかんでみましょう。

　統計解析 → **連続変数の解析** → **連続変数の要約** で要約することができます。

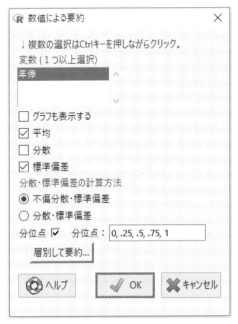

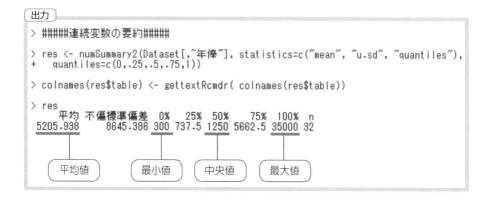

```
> #####連続変数の要約#####
> res <- numSummary2(Dataset[,"年俸"], statistics=c("mean", "u.sd", "quantiles"),
+   quantiles=c(0,.25,.5,.75,1))
> colnames(res$table) <- gettextRcmdr( colnames(res$table))
> res
        平均  不偏標準偏差   0%    25%    50%     75%   100%   n
     5205.938      8645.386  300  737.5  1250  5662.5  35000  32
```

平均値 | 最小値 | 中央値 | 最大値

$$（平均値）= \frac{（それぞれの値の合計）}{（サンプルの数）}$$

で計算できます。全員の年俸を足し合わせると 166590 万円（16 億 6590 万円）で、これを人数の 32 で割って、平均値は約 5200 万円になります。

わー！ 平均 5200 万円ももらってるなんてすごい！……と思ったけど。よく考えたら、なんだか少しおかしくない？ だって、さっきの 32 人のデータで、5200 万以上の年俸の選手は、9 人しかいないわ。

モモさん鋭いですね！
どうして平均値の数字に違和感を感じてしまうかというと…。飛び抜けて高い年俸をもらっている**一部の人たちが、全体の平均値を引き上げてしまっている**からなんです。

　平均は全員の数字を足し合わせて人数で割った値なので、極端に高い数字が入ってくると、その影響を強く受けてしまいます。グラフにしてみるとわかりやすくなります。

　🖱 **グラフと表** → **ヒストグラム** で、見てみましょう。

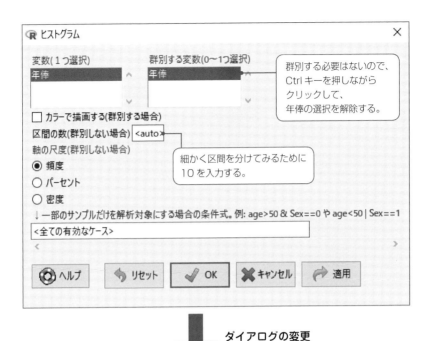

ダイアログの変更

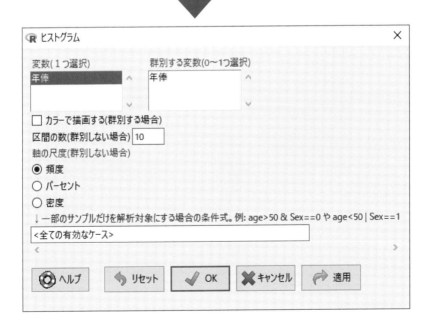

ヒストグラムは度数分布を示すグラフです。横軸に階級（グループ分けした区間）、縦軸に度数（回数、人数）をとり、各階級ごとに度数を長方形の柱の長さで示します。

わあ！ 下のグラフが、**ヒストグラム**というものですね。
数値だけよりも、視覚的でとてもわかりやすいです。
EZR って計算だけでなく、グラフもお任せできるんですねぇ。

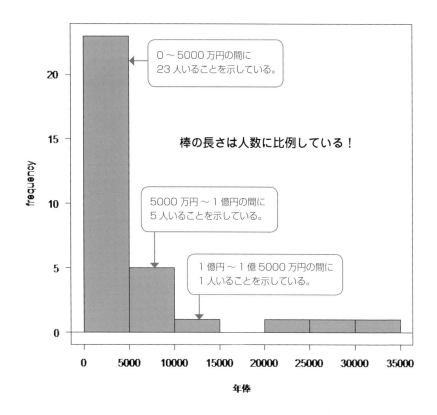

　第 1 章 結婚するならスポーツ選手？ 〜平均値と中央値〜

ヒストグラムとは別に、出力ウィンドウには各階級の人数が表示されます。

```
出力
> #####ヒストグラム#####
> windows(width=7, height=7); par(lwd=1, las=1, family="sans", cex=1, mgp=c(3.0,1,
+     0))
> HistEZR(Dataset$年俸, scale="frequency", breaks=9, xlab="年俸", col="darkgray")
     0-5000    5000-10000  10000-15000  15000-20000  20000-25000  25000-30000  30000-35000
        23          5            1            0            1            1            1
```

　実際には 32 人中 23 人が 5000 万円以下で、5000 万円と 1 億円の間に 5 人、残りの 4 人だけが 1 億円以上だとわかりますね。このように、値の低い方にデータが集中しているような場合は、平均値で全体像を把握する（要約する）ことは適切ではありません。

　そこで、32 人のうち、**真ん中くらいの選手はどれぐらいの年俸をもらっているのだろう？** という**中央値**を調べてみましょう。

ほぉ〜、中央値というのもあるんですね！　私は奈央なので、同じ漢字があって少し親近感が。

　中央値というのは、**データを小さい順に並べて、ちょうど真ん中にくる値**です。例えば 5 人のデータなら小さい方から 3 番目の値、9 人のデータなら小さい方から 5 番目の値ということになります。

　32 人の場合はちょうど真ん中になる選手がいないので、小さい方から 16 番目の値と 17 番目の値の平均をとってみましょう。つまり、1200 万円と 1300万円の平均で 1250 万円であり、これがこの場合の中央値となります。

そんなわけで、プロ野球選手の年俸はどのぐらい？　という質問に対しては、平均値よりも**中央値の方が実情に合ってる**かもしれません。

なるほど…。確かに中央値の方がリアルっぽいわね。それでもやっぱり庶民には眩しすぎる金額だけど。とほほ〜。

1-4 他にもこんなグラフがあるよ！
～箱ひげ図とドットチャート～

 さて、年俸データの概要をつかむために、先ほどは **「ヒストグラム」** と いうグラフにしてみたわけですが、ヒストグラムの他にも、ぜひ知って おいて欲しいグラフがあります。
「ドットチャート」 と **「箱ひげ図」** です。

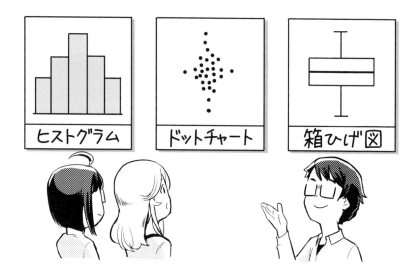

ヒストグラム　　ドットチャート　　箱ひげ図

 これがグラフなんだ！？　なんだか面白い形だね～。
ドットチャートは、まさにドット（点）な感じ。
そして箱ひげ図というのは、箱と上下に線があるのね。

 ええっともしかして、こういうグラフも、EZR でサクッとできちゃう んですか？

 はい、もちろんです！　目的に合わせてグラフを使い分けられて便利な んですよ。

ではさっそく、マウス操作だけでパッとグラフを表示してみましょう。

　連続変数をグラフで要約するには、ヒストグラムの他にも箱ひげ図やドットチャートなども役に立ちます。

　ドットチャートは **グラフと表 → ドットチャート** です。

　箱ひげ図は **グラフと表 → 箱ひげ図**

　引き続き、プロ野球選手の年俸のデータを見てみましょう。

　はーい！　それじゃ、まずは**ドットチャート**ね。

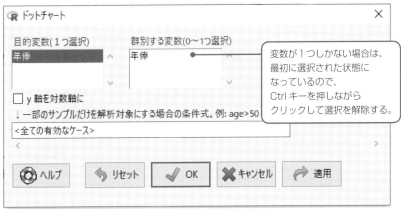

　　[✓ OK] をクリックすると、次のページのようなドットチャートが表示されます。

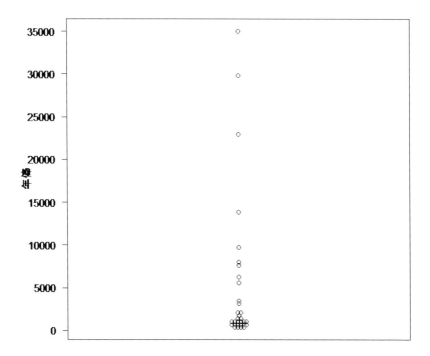

　ドットチャートはすべてのサンプルの情報を表すことができますが、サンプル数が多いと重なり合いが生じてしまい、データの把握が困難になることがあります。

　た、確かに重なっちゃってます…！
　でも、その辺りに密集してるんだぁ…というイメージがよく伝わってきて面白いですね。

そしてお次は、**箱ひげ図**をどうぞ。

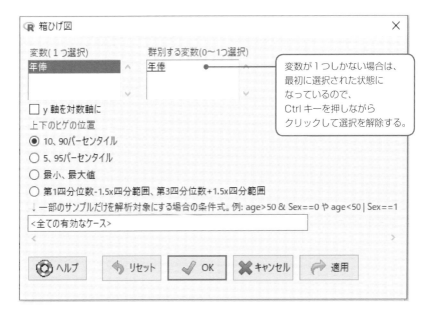

OK をクリックすると、次のページの箱ひげ図が表示されます。箱ひげ図は連続変数を「長方形」と「その上下に伸びるヒゲ」で表現します。

長方形の下辺が第1四分位数（25パーセンタイル値、つまり全サンプルの25%がその値以下となる値）、上辺が第3四分位数（75パーセンタイル値、つまり全サンプルの75%がその値以下となる値）、長方形の中の太い水平線が中央値を表します。

長方形から上下に伸びた点線（ヒゲ）の端の水平線は、10、90パーセンタイル値を用いたり（EZRでのデフォルト）、最小、最大値を用いたりします。

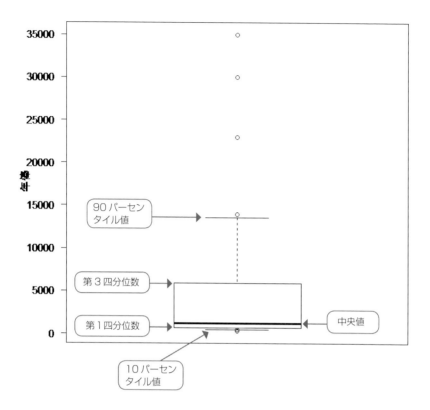

 ふーむ。箱ひげ図で見ると、0 〜 5000 ちょいの年俸の人が大半だって わかるし、中央値は 5000 よりもずーっと低いのがよくわかるわ。 上位の 4 人なんて、飛び抜けて外れてて、点になっちゃってる…！

 「ドットチャート」と「箱ひげ図」は全然違いましたね。 いろいろなグラフが見れて、楽しかったです！

データの種類と要約

■ **連続変数**

　例：身長、体重

　要約方法：平均値、中央値

■ **カテゴリー変数**

　例：「好き」「嫌い」、「有効」「無効」

　要約方法：比率

※連続変数は、正規分布に従う場合は**平均値**で、従わない場合は**中央値**で要約すると良いです（正規分布とは、左右対称のつり鐘形の分布のことです。第2章で説明します）。

※カテゴリー変数の中でも、「好き」「嫌い」のように2つの値だけをとる場合は**二値変数**ともいいます。また、「すごく嫌い」「少し嫌い」「少し好き」「すごく好き」のように、順序関係がある場合は**順序変数**といいます。

信頼区間

　本章で扱ったように、カテゴリー変数なら比率で、連続変数なら平均値などで、データを要約することができます。このような要約の方法を、ある1つの数値で要約することから、**点推定**といいます。

　しかし、同じ比率でも、例えば5回中4回の80%と、100回中80回の80%では、後者のほうが信頼性は高いのです。そこで、点推定に加えて、**信頼区間**を示すことで、その推定値の信頼性を評価できるようになります（これを区間推定といいます）。

　信頼区間としては95%信頼区間を示すことが多いです（これは、第3章で解説する検定におけるP値の有意水準を5%に設定していることと同じです）。母集団からサンプルを抽出して95%信頼区間を計算することを100回繰り返すと、そのうちの95回は母集団の真の値を含んでいます。サンプル数が多くなるほど信頼区間の幅は狭まり、点推定値の信頼度が高まります。

　例えば、 🖱 **統計解析 → 名義変数の解析 → 比率の信頼区間の計算** で実際にやってみると、5回中4回の比率の95%信頼区間は28.4%〜99.5%と広く、100回中80回だと70.8%〜87.3%とかなり狭くなることがわかります。

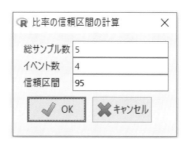

出力

```
> #####比率の信頼区間の計算#####

> prop.conf(4, 5, 95)
[1] 比率              : 0.8
[1] 95% 信頼区間                : 0.284 - 0.995
```

▲▼ 学習後のあれこれ ▲▼

 あ、気が付けば、すっかり雨が上がってますね…！

 ホントだ。結構長い間、話し込んじゃったもんね〜。
お話聞かせてくれてありがとう、海樹くん。じゃあ、そろそろ…

 あ、あの！　もし良かったら、これからも気軽に質問や相談をしてください。日常の悩みも、統計で解決することがあるかもしれませんし…。
あの、その…

 えー、いいの？　質問や相談ができるって、占い師みたいで楽しそう。
それじゃあ、みんなで LINE の交換でもしよっか〜？

 あっ、はい！！！

第2章

テストの偏差値で一喜一憂
〜分散・標準偏差〜

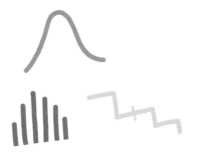

群馬県
奈央の家

ねーねー
奈央おねー
ちゃん！

勉強で教えて欲しい
ことがあるんだけど
いい？

うん もちろん

やったあ！
頼りに
なるー！

妹の佳央は
小学6年生

わーい！

私より勉強好きで
中学受験する予定です

で、教えて欲しいのは
何かな？
算数？ 国語？

おねーちゃん
任せろ！

あ、えっとねー

2-1 同じ平均値でも分布が違う？
～連続変数のバラツキ～

 こ、この度は、皆さまお忙しいなか、お集まりいただきまして、ありがとうございます。ちょっとお久しぶりです。
それでええと…あの…その…話せば長くなってしまうんですけど…。

 まあまあ、お茶でも飲みながらゆっくりお話しましょう。
今日は、本物の喫茶店に来たことですし。

 そうそう。気楽にのんびり話そうよ～。奈央の妹の、佳央ちゃんの悩みなんだよね？　なんか偏差値について質問されたんだって？

 うん。ええっとね、その佳央から話を詳しく聞いてみたんだけど…。
実は最近、佳央が「ライバルの友達」と、**偏差値の教え合いっこをして**いたらしいの。

理科と社会は、偶然にも2人ともぴったり同じ偏差値。
そして佳央は、国語は得意だけど算数が苦手で「国語60、算数53」。
一方の友達は、算数が得意だけど国語が苦手で「国語53、算数60」という偏差値。ちょうど逆だったの。

ふーむふむ。得意なものは違って、でも数値は同じなんて、ライバルに相応しいわね。

 うん。でも、問題はここから…！ 教科は逆だけど、数値は同じだから、「単純に各教科の偏差値を合計する」と「ぴったり同じ」になるよね。「総合の偏差値」も同じ〜♪ と思っちゃいそうだよね。

でも、「各教科の実際の点数を合計した、総合点による偏差値」を比べると、**佳央の方が低かった**らしくて…。
それでショックを受けて、偏差値のシステムに疑問をもったんだって。

 んー、なんで佳央ちゃんの方が低くなっちゃうんだろ？ 謎だね〜。私も受験とかあったけど、偏差値の仕組みはよくわかってないかも…。とゆーわけで、海樹くんヨロシクお願い〜！

 はい、お任せください！ 偏差値のシステムを知って、疑問を解消するためには、いろいろな概念の理解が必要です。
「平均、バラツキ、分散、標準偏差」などの重要なキーワードについて、じっくり説明していきますね。

 は、はい。平均はわかるけど、他の言葉はイマイチわからないです…。よろしくお願いしますー！

まず、試験の点数についてイメージしてみましょう。試験の点数は、通常は平均点くらいの人が多くて、平均点から上か下に遠くなるほど人数が少なくなっていきます。ヒストグラムで描くと、下図のイメージです。

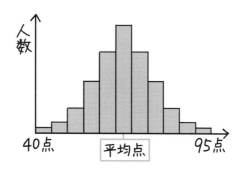

 あー、確かにテストの点数って、こういうイメージかも。前回出てきた野球選手の年俸のヒストグラムとは全然違う形ね。

 はい。実際には、平均点の位置が左右にずれたり、分布がいびつになったりしますが。ちなみに分布とは、分かれて広がることですね。

　下図のような、「平均値を中心に左右対称になった、つり鐘形のような分布」のことを**正規分布**といいます。上のヒストグラムは、正規分布に近い形をしていますね。

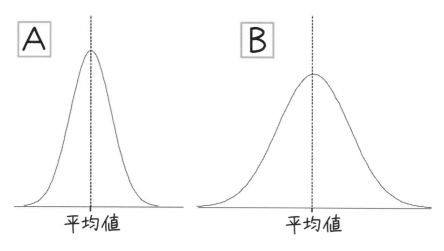

んん？　この正規分布、ＡとＢでなんだか形が違いますよね。
ＢはＡよりも、山の高さが低くて、裾野が広くなだらかな感じ…。

良い所に気が付きましたね！
正規分布は、平均値を中心にして左右対称ですが、**「分散」**によって異なる山の形になります。
分散とは、バラツキ…つまり、散らばり具合のことです。

ＢはＡよりも横に広く分布していますよね？
横に広いということは、分散が大きい（＝バラツキが大きい）ということなんですよ。

　正規分布にも、いろいろな形があります。先ほどの図のＡのように平均値に比較的近いところに集まっている分布もあれば、Ｂのように、バラツキが大きくて、平均値からの距離の大きい分布もあるのです。

　試験の点数に例えてイメージしてみましょう。一般的に、算数は差がつきやすい教科なので、国語よりもバラツキが大きいことが多いのです。なので、ＡとＢが国語と算数の点数分布を示すとしたら、国語はＡ、算数はＢといえます。
　そして、この**バラツキの大きさを数値で表したもの**が、「分散」や「標準偏差」です。

そっかぁ…。教科ごとに、正規分布の形が違うんですね。
確かに、国語はみんなそれなりにできるけど、算数は得意な子と苦手な子の差が激しい気がします。
この辺りに、佳央の悩みを解決するヒントがありそうです。

あれ〜、ちょっと疑問なんだけど。
「どれだけバラけてるか？」を数値で表すのが、分散や標準偏差なんだよね？　じゃあ分散と標準偏差は、一体どう違うの？

鋭いですね、モモさん！ それではこれから、**偏差値計算のための数式**をご紹介します。数式を見ていただければ、分散と標準偏差の違いもわかりやすいかと。

偏差値計算のための数式

★ **平均値** $= \dfrac{\text{Aさんの点数} + \text{Bさんの点数} + \text{Cさんの点数} + \cdots\cdots}{\text{全体の人数}}$

★ **分散** $= \dfrac{(\text{Aさんの点数} - \text{平均値})^2 + (\text{Bさんの点数} - \text{平均値})^2 + (\text{Cさんの点数} - \text{平均値})^2 + \cdots\cdots}{\text{全体の人数}}$

★ **標準偏差** $= \sqrt{\text{分散}}$

★ **Aさんの偏差値** $= 50 + \dfrac{\text{Aさんの点数} - \text{平均値}}{\text{標準偏差}} \times 10$

分散は、「一人ひとりの点数と平均値の差の2乗を足し合わせて、全体の人数で割った値」なので、バラツキが大きいほど、分散は大きくなります。

この分散の平方根が、**標準偏差**です。

 ちなみに、分散を求める際に2乗するのは「プラスとマイナスの符号の違いをなくすため」です。

2乗しないで、単純に「点数と平均値の差（例えば−3点や＋5点）」を足したら、打ち消し合ってしまいますよね。

なるほど…。そして「標準偏差」では、2乗を元に戻すために、分散の平方根になっているんですね。

 そうして最終的には、その**標準偏差を使って、偏差値を求める！** ってわけか。確かに分散も、標準偏差も大事っぽいね〜。
でもまだ、偏差値のことは謎だらけな感じだわ。うーん。

 はい！ それではこれから、もっと具体的に偏差値について説明していきますね。

・・

　ここで「不偏分散」についても説明しておきます。

　受験者全体のデータを使って、その分布の標準偏差を求める場合は、先ほどの計算で良いのです。

　しかし、ある試験を受けた**一部の生徒のデータ（サンプル）**を解析して、その全体の**母集団を推測する**場合は、計算方法が違います。分散を計算するときにサンプル数で割るのではなく、**「サンプル数から1を引いた値」**で割って計算するのです。これを不偏分散といいます。

$$★ \text{不偏分散} = \frac{(\text{aさんの点数} - \text{平均値})^2 + (\text{bさんの点数} - \text{平均値})^2 + (\text{cさんの点数} - \text{平均値})^2 + \cdots\cdots}{\text{サンプル数} - 1}$$

ここがポイントです！
ちなみに、分子の「平均値」は
サンプルの平均値であることにも
注意しましょう。

2-2 偏差値ってどういう意味があるの？
～平均値と偏差値～

 いよいよ、偏差値の仕組みについて具体的に話してくれるらしいわ。さっき聞いた「標準偏差」がポイントみたい…！

　偏差値とは、「平均値からどれくらい離れているのか？」を表す数値です。

　下図を見てください。平均を偏差値 50 として、得点が上に**標準偏差 1 個分**だけ高くなると **10 ポイント**高くして 50 + 10 = 60、標準偏差 2 個分だけ高くなると 20 ポイント高くして 50 + 20 = 70 となります。

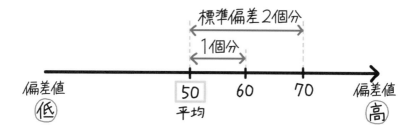

　例えば、平均点が 45 点で標準偏差が 20 点の場合を考えてみましょう。

　45 点は偏差値 50、55 点（標準偏差 0.5 個分（=10 点）高い）は偏差値 55、65 点（標準偏差 1 個分高い）は偏差値 60、75 点は偏差値 65 となるのです。

 ええと、もしバラツキがもっと大きかったら、標準偏差も大きくなって、偏差値と点数の対応関係も、変わってきそうですね。

　したがって、算数と国語で平均点が同じくらいの場合、通常は算数の方が点数のバラツキ（標準偏差）は大きくなるので、**同じ偏差値の場合は算数の方が点数は高い**ということになります（偏差値が 50 より上の場合。50 未満なら逆に算数の方が点数は低くなります）。

では、ここからは実際に、**算数と国語のテストの点数のデータを解析**していきましょう。…といっても、そんなデータは簡単に見つかりませんので、僕が適当に 500 人分の点数のデータを作ってみました。
ほぼ正規分布になるように、考えてみたんですよ。

 あわわ…、捏造でっちあげのデータ…！ なんか怖い…！ でも、統計に詳しいと、そんな架空のデータも作れちゃうんですねぇ。凄いです。

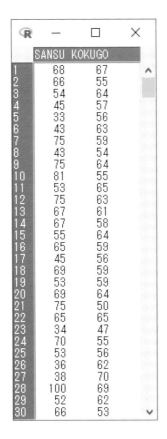

	SANSU	KOKUGO
1	68	67
2	66	55
3	54	64
4	45	57
5	33	56
6	43	63
7	75	59
8	43	54
9	75	64
10	81	55
11	53	65
12	75	63
13	67	61
14	67	58
15	55	64
16	65	59
17	45	56
18	69	59
19	53	59
20	69	64
21	75	50
22	65	65
23	34	47
24	70	55
25	53	56
26	36	62
27	38	70
28	100	69
29	52	62
30	66	53

これが海樹くんが作った**「算数国語 .rda」**というデータファイルですね！

30 人分が表示されていますが、データはもっと続きがあり**500 人分**を用意してあります。

　SANSU は算数の点数、KOKUGO は国語の点数を入力したデータです。
　算数は平均点が 60 点、標準偏差が 20 点、国語は平均点が 60 点、標準偏差が 10 点の正規分布に従うという前提で架空のデータを作ってみました。

それではデータを解析していきましょう。 🖱 **グラフと表 → ヒストグラム**
でヒストグラムを描いてみると、ほぼ左右対称のつり鐘形の分布になっていて、
正規分布に従っているであろうことが視覚的にもわかります。

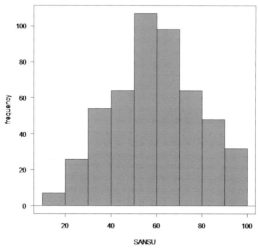

▲算数の点数のヒストグラム

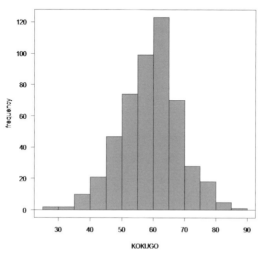

▲国語の点数のヒストグラム

えーと、平均点はどちらも60点くらいで、左右対称な感じね。
ただ算数の方が、0点に近い低得点や100点に近い高得点までバラツキが大きいみたい。まあ、どちらも大体、正規分布っぽいよね〜。

では念のために、次に「QQプロット」というものを試してみましょう。
これで、正規分布であるかどうか、しっかり判断できるんですよ。

🕐 **グラフと表 → QQプロット** で正規QQプロットを描いて、正規分布であるかどうか確認してみましょう。

　QQプロットは、2つの連続変数の分布（片方は正規分布などの理論的な分布でもよい）が同じ分布であるかどうかを判定するために用いるグラフです。それぞれのサンプルから同じパーセンタイルのデータを取り出してプロットします。2つの分布が同一であれば、プロットした点は直線上に並びます。

　したがって、QQプロットのダイアログで分布を「正規」に指定し、理論上の正規分布と比較するQQプロット（正規QQプロット）を描いて、**直線状にサンプルが並べば正規分布である**といえるのです。

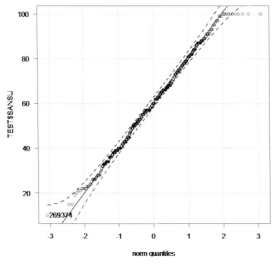

▲算数のデータのQQプロット

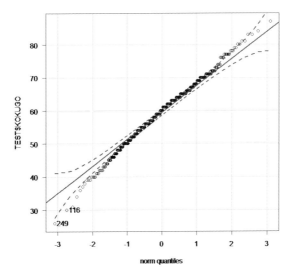

▲ 国語のデータの QQ プロット

 算数は 100 点のところで頭打ちになっていますが、とにかくどちらも
ほぼ一直線に並んでいます。
つまり、ほぼ正規分布ということですね！

 はい。それでは次に、データの要約を見てみましょうか。算数と国語の
平均点が確認できます。**標準偏差**だってわかりますよ。

 あっ！ 標準偏差がわかるなら、ついに**偏差値**も求められるわね。

　データの要約を 🖱 統計解析 → 連続変数の解析 → 連続変数の要約 で見て
みましょう。母集団 500 人全員のデータで解析するので、ダイアログの「分散・
標準偏差の計算方法」は「不偏分散・標準偏差」ではなく、「分散・標準偏差」
を選択してください。
　次ページの結果にあるとおり、算数と国語の平均点は、60.1 点と 59.6 点で
ほぼ同じになっています。

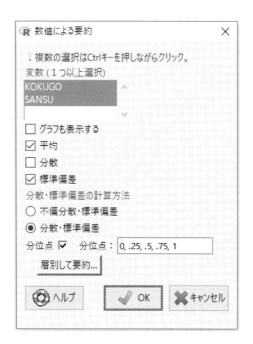

```
出力
> res
         平均   標準偏差  0%  25%  50%  75% 100%   n
KOKUGO 59.570  9.306401  26 54.00  60  65   87 500
SANSU  60.062 19.260482  10 46.75  60  74  100 500
```

　表示されている数字は左から順に平均値、標準偏差、最小値、25 パーセンタイル値、50 パーセンタイル値（＝中央値）、75 パーセンタイル値、最大値、サンプル数となっています。

　平均値はすべての数値の合計をサンプル数で割った値ですね。また、1-4 節の復習になりますが、中央値は数値を大きさの順に並べたときに中央になる値。25 パーセンタイル値は、全サンプルの 25% がその値以下であることを示す値。同様に 75 パーセンタイル値は、全サンプルの 75% がその値以下であることを示す値です。

それでは、この分布における偏差値について、考えていきましょう。「偏差値から点数を計算する」ことも、「点数から偏差値を計算する」こともできますよ。

　偏差値を計算してみましょう。平均点が偏差値 50 で、標準偏差 1 個分ごとに偏差値は 10 ずつ変化します。ですので、「偏差値 60 の点数」は…

算数は 60.1 + 19.3 = 79.4 点、国語は 59.6 + 9.3 = 68.9 点

標準偏差 1 個分の点数　　　標準偏差 1 個分の点数

ということになります。

　逆に点数から偏差値を計算するのはどうでしょうか。

　例えば算数が 70 点なら、平均点よりも 9.9 点多いですね。これは標準偏差でいうと、$\dfrac{9.9}{19.3} = 0.51$ 個分になるので、偏差値でいうと $10 \times 0.51 = 5.1$ になります。したがって、偏差値は $50 + 5.1 = 55.1$ となります。1 つの数式で書くと、

$$50 + \dfrac{70 - 60.1}{19.3} \times 10 = 55.1 \text{ です。}$$

　国語が 50 点だと、平均点よりも 9.6 点低く、これは標準偏差でいうと $\dfrac{9.6}{9.3} = 1.03$ 個分になるので、偏差値でいうと $10 \times 1.03 = 10.3$ になります。したがって、偏差値は $50 - 10.3 = 39.7$ となります。1 つの数式で書くと、

$$50 + \dfrac{50 - 59.6}{9.3} \times 10 = 39.7 \text{ です。}$$

 偏差値の計算は、よくわかりました。
それではついに…！　この分布を使って、「妹の佳央とお友達の偏差値」から、点数を求めてみたいと思います。ええっと…。

もし、この分布で算数の偏差値が 53、国語の偏差値が 60 だとすると…

算数は 60.1 + 19.3 × 0.3 = 65.9 点、国語は 68.9 点

> 偏差値 10 ポイントは標準偏差 1 個分なので、
> 偏差値 3 ポイントは標準偏差 0.3 個分。

で、「合計 135 点」あたり。

　お友達が算数の偏差値が 60、国語の偏差値が 53 だとすると…

算数は 79.4 点、国語は 59.6 + 9.3 × 0.3 = 62.4 点

> 偏差値 10 ポイントは標準偏差 1 個分なので、
> 偏差値 3 ポイントは標準偏差 0.3 個分。

で、「合計 142 点」あたりになります。

あらま〜。確かに 135 点と 142 点で、佳央ちゃんの方が点数は低くなっちゃうわね。

うん。でもこれで、「偏差値の合計は同じでも、算数の偏差値が高い方が合計得点が高くなる」という現象が、きちんと理解できました！
これでちゃんと妹にも、説明できそう。
群馬に帰る、みやげ話ができたよー。

2-3 偏差値が100を超えることはあるの？
～平均値と偏差値（その2）～

あ、あの…。そういえば、あと1つだけ疑問があるんですけど…。
妹からの質問で**「偏差値に上限ってあるの？　偏差値が100を超えることってあるの？」**って聞かれたんです。どうなんでしょう…？

えーっ！　偏差値100なんて見たことないよ〜。
100点満点ならわかるけど。見たことないし、やっぱりあり得ないんじゃないのかなぁ。

だよねえ。あ、でも…、偏差値は分布が影響しているんだよね。
もしも、「みんなすっごく点数が悪くて、1人だけ点数がいい」という変わった分布だったら、ものすっごく高い偏差値もありえるのかも…？

ふふふ。なかなか興味深い話ですね。
それでは、偏差値100超えはあり得るのかどうか、実際に試してみましょう。

偏差値は、その人の点数から平均値を引いた値を、標準偏差で割って10倍し、50を加えた値です。

$$\text{偏差値} = 50 + \frac{\text{点数} - \text{平均値}}{\text{標準偏差}} \times 10$$

したがって、その人の点数は100点満点なら100点という上限がありますが、標準偏差が小さければ小さいほど、偏差値は高くなるため、標準偏差に上限はありません。

標準偏差は連続変数のバラツキを表す数字なので、例えばみんながほとんど同じ点数の試験で1人だけ飛び抜けて高い点数をとると、極端に高い偏差値が計算されます。

 おおっ！ 奈央が言ってたとおりね。もしかしたら、夢の偏差値100超え、あるかもしれないわ。見てみたいな〜。

簡単な計算の例で、EZRに直接入力する練習をしてみましょう。

30人がテストを受けて、点数が38点〜44点がそれぞれ4人ずつ、45点が1人、95点が1人だったとします。

🕐 **ファイル → 新しいデータセットを作成する（直接入力）** とすると、データエディタが起動するので、行を追加して表計算ソフトのようにデータを入力します。

 入力した画面が、次ページのものです。このようにデータを、EZRに直接入力することもできるのです。

 ほほぉー。データの中身を見てみると、38点〜45点まで、どんぐりの背比べみたいで、一番下の95点が1人だけ目立ちますね。

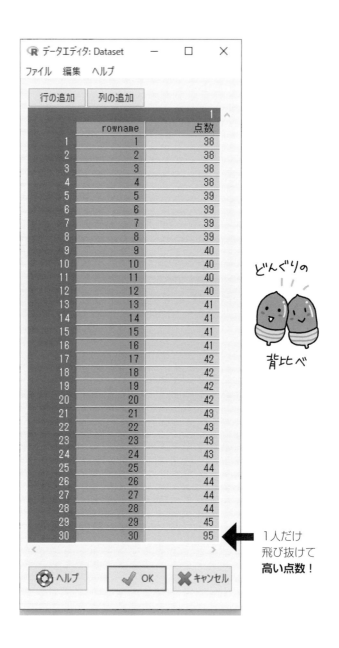

	rowname	点数
1	1	38
2	2	38
3	3	38
4	4	38
5	5	39
6	6	39
7	7	39
8	8	39
9	9	40
10	10	40
11	11	40
12	12	40
13	13	41
14	14	41
15	15	41
16	16	41
17	17	42
18	18	42
19	19	42
20	20	42
21	21	43
22	22	43
23	23	43
24	24	43
25	25	44
26	26	44
27	27	44
28	28	44
29	29	45
30	30	95

どんぐりの

背比べ

1人だけ
飛び抜けて
高い点数！

それではこの分布のデータを、要約します。

平均や標準偏差を確認して、偏差値を求める計算をしてみましょう。

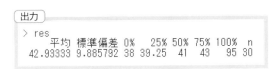 **統計解析** → **連続変数の解析** → **連続変数の要約** で要約してみます。こ
こでも受験生 30 人全員のデータで計算するので「不偏分散・標準偏差」では
なく、「分散・標準偏差」を選択してください。

下図のように、平均点が 42.9 点、標準偏差が 9.9 であることがわかります。

```
出力
> res
       平均  標準偏差 0%    25% 50% 75% 100%   n
  42.93333 9.885792 38 39.25   41  43    95 30
```

そこで、95 点の人の偏差値を EZR 上で計算してみましょう。

R スクリプトのウィンドウに偏差値を求める計算式を入力して、カーソルを
その行に置いたまま右下の実行ボタンをクリックします。

```
Rスクリプト Rマークダウン
editDataset(Dataset)
editDataset(Dataset)
#####連続変数の要約#####
res <- numSummary2(Dataset[,"点数"], statistics=c("mean", "p.sd", "quantiles"),
  quantiles=c(0,.25,.5,.75,1))
colnames(res$table) <- gettextRcmdr( colnames(res$table))
res

50+(95-42.9)/9.9*10
```

計算式を入力する。この行にカーソルを置いたまま、
右下の実行をクリックする。

出力   実行

すると、出力ウィンドウに計算結果が表示されます。
なんと、夢の偏差値 100 超えです！

```
出力
> 50+(95-42.9)/9.9*10
[1] 102.6263
```

 ひゃー！ 偏差値 103 が出ましたね！
滅多に見られないものを目撃できて、なんだか嬉しいです…！

EZRでの計算式の入力

　EZR に限らず、Excel 等の表計算ソフトでも同様ですが、計算式の演算子の「＋, −, ×, ÷」は、それぞれ**半角文字**の「 **+, −, *, /** 」で入力します。

　また、べき乗は **^** を用います。
　例えば、4 の 3 乗（4^3）なら、4^3 と入力するのです。

　平方根は **sqrt()** 関数を用います。
　例えば、2 の平方根（$\sqrt{2}$）は sqrt(2) となります。

　四捨五入は **round()** 関数を使います。
　4.854 を小数第 1 位までで表す（小数第 2 位を四捨五入する）なら、round(4.854,1) と表します。なお、小数点以下の切り上げは **ceiling()** 関数、切り捨ては **floor()** 関数を使用します。

連続変数の特徴を表す様々な値

■ **中央値**

データを小さい順に並べた場合にちょうど真ん中の順位にくる値

■ **平均値**

各サンプルの値を足し合わせてサンプル数で割った値

■ **分散**

各サンプルの値と平均値の差の2乗を足し合わせてサンプル数で
割った値（バラツキの大きさを示す）

■ **不偏分散**

母集団から一部のサンプルを取り出してそのデータから母集団の
分散を推測する場合に、（サンプル数－1）で割った値

■ **標準偏差**

分散の平方根（バラツキの大きさを示す）

■ **偏差値**

$$50 + \frac{各サンプルの値 - 平均値}{標準偏差} \times 10$$

▲▼ 学習後のあれこれ ▲▼

 おかげで、偏差値のことがよくわかりました。これで、佳央にもきちんと説明できそうです！

 海樹くんのおかげだね〜。私も今度、何か困ったことがあったら相談してもいいかな？

 もちろんです！
それにしても、佳央さんの受験…うまくいくといいですね。
いや、きっとうまくいくと思います！

ちなみに受験当日の朝は、トンカツとかゲン担ぎよりも、いつもどおりの朝ごはんがいいですよ。あとは、当日緊張しないように、試験会場の下見も充分に…

第 **3** 章

引越し先の家賃は高い？
~t検定、相関、回帰分析~

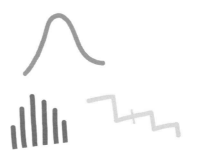

たまに、台所に
黒光りするアイツも
出ちゃうのよ〜〜！！！

GOKIBURI★

あはは
モモちゃん
虫が苦手だもんねぇ

あーあ
いつか素敵な部屋に
引っ越したいけど…

でも、物件情報を
見てたら…

いろいろ疑問も
出てきちゃって…

あっ！

そうだ！
こんなときには
相談だわ！

困ったときの海樹くん！

3-1 本当に差があるかどうやって判断するの？
〜 検定、P値 〜

 久しぶり〜。今日は私の悩み相談ということで、ヨロシクお願いー！
物件情報を1人でずっと見てると、頭がグルグルしちゃうのよねぇ。

- **アパートとマンションって、やっぱりマンションの方が高いの？**
- **家賃はどういう条件と関係してるの？**
- **気になる物件があるんだけど、この家賃ってぼったくりじゃない？**

とか、いろいろ悩んじゃって。

 わわ！ 疑問がいっぱいだね、モモちゃん。

 では、今日もこの喫茶店でゆっくりお話していきましょうー。
ちなみに、住みたい路線などは決まっていますか？

 んーと、大学もバイト先も渋谷なんだよね。だから、渋谷に行きやすい
田園都市線の駅から歩いてすぐで、新しくて、広くて、アパートよりも
マンションで、日当たりの良いところがいいけど…。
でも、そんな物件なんて、あってもきっと家賃が高いよね〜。

ふむ。それでは実際にデータを解析しながら、考えてみましょうか。

　田園都市線沿線のワンルームの「100件の賃貸物件データ」をEZRに取り込んで解析してみましょう。

	Rent	TimeToStation	TimeToShibuya	Space	Years	Apaman	Sun
1	38800	5	18	18.9	16	1	0
2	52400	4	9	15.2	8	0	0
3	68100	7	2	19.8	21	1	1
4	44200	17	12	23.6	10	0	0
5	31000	7	20	18.0	8	1	1
6	44400	15	19	22.2	22	1	0
7	69500	11	6	17.5	3	1	0
8	28500	17	17	17.0	7	0	0
9	63600	15	7	26.8	8	0	1
10	76700	9	4	22.6	11	1	0
11	44000	19	9	19.5	0	0	0
12	40100	3	20	19.8	1	0	1
13	66900	9	7	21.7	1	1	0
14	76200	8	7	24.6	8	0	0
15	44100	12	18	22.3	17	1	1
16	47500	13	12	21.0	15	1	1
17	50700	1	19	20.6	7	1	0
18	45200	11	15	18.1	2	1	0
19	33100	8	17	18.8	19	1	0
20	56000	14	12	18.5	6	1	0
21	36400	19	8	18.7	18	0	1
22	23900	16	19	19.2	11	1	0
23	76400	7	4	15.2	4	1	0
24	52600	3	9	18.3	8	0	1
25	50500	18	17	21.0	1	1	0
26	37800	3	15	19.9	20	0	0
27	65100	8	15	24.3	15	1	1
28	48600	14	6	16.3	10	1	0
29	65100	7	14	26.3	23	1	1
30	43600	13	17	21.3	24	1	1
31	34400	15	17	24.7	22	0	0
32	41900	4	8	15.2	9	0	1
33	48400	10	13	22.2	12	1	1
34	45200	4	11	16.1	8	0	0
35	53300	15	13	18.9	15	1	0

▲データファイル：家賃.rda　（注：これは架空のデータです）

　Rentは家賃（単位は円）の変数、TimeToStationは最寄り駅までの徒歩でかかる時間（分）の変数、TimeToShibuyaは最寄り駅から渋谷駅までの時間（分）の変数、Spaceは専有面積（m²）の変数、Yearsは築年数の変数、Apamanはアパートなら0、マンションなら1とした変数、Sunは日当たりが良いと書かれている物件は1、そうでない物件は0とした変数です。

<img role="icon" /> **グラフと表 → ヒストグラム** で家賃全体を見ると、下図のようにほぼ正規分布しているようです。いろいろな要素の影響を受けて家賃が決められていると思われます。

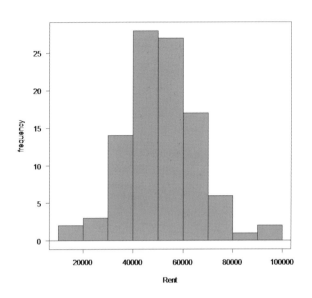

 んーと、4万〜6万が平均で、物件数も多いのね。
3万以下の低価格の物件、8万以上の高価格の物件は数が少ないわ。

 ではこれから、モモさんの最初の疑問
・アパートとマンションって、やっぱりマンションの方が高いの？
について考えていきましょう。

　マンションの方がアパートよりも家賃が高い、というイメージですが本当でしょうか？ まず、マンションとアパートを分けて家賃のデータを要約してみましょう。

<img role="icon" /> **統計解析 → 連続変数の解析 → 連続変数の要約** で、**層別して要約…**
をクリックすると、グループで分けた要約が可能になります。ここでは
Apaman を選びます。

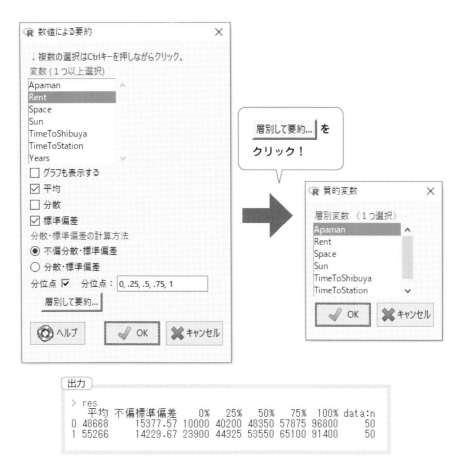

アパートの平均家賃は 48668 円、マンションの平均家賃は 55266 円です。確か
にマンションの方が平均で約 6600 円高いですね（今回は、100 件のデータから
一般的な賃貸物件の状況を推測しているので、不偏標準偏差を計算しました）。

ただ、以前の雨女の話と同じように、たまたま今回調査した物件の中で偶然
にマンションのほうが高い数字になっているだけかもしれません。ですので、
本当に偶然ではない差といえるかどうか？ を統計学的に調べてみます。

この作業を、**統計学的仮説検定**（あるいは単に**検定**）といいます。

 あっ！ 検定は、雨女の話のときに出てきて、気になっていた言葉です。
「偶然なのか」それとも「ハッキリと意味があるのか」を検証しましたね。

そうです！ この**「検定」の作業**について、詳しくお話していきます。新しい用語が出てきて戸惑うかもしれませんが、ゆっくり考えていきましょう。

検定の作業では、まず最初に「**帰無仮説**」という仮説を立てます。

今回の検定の帰無仮説は、「2つの母集団には本当は違いはなく、観察された結果の**2群の差（違い）は偶然にすぎない**」という**仮説**です（ちなみに2群とは、比較したい2つの集まりのことです）。

そして、この帰無仮説が正しい場合に、つまり2群には本当は差はないのに、実際に観察されたような、あるいはそれ以上の**2群の差が観察される確率**を計算します。この確率のことを「**P値**」とよびます。

P値…。ピーチ…桃…。私は桃子って名前だし、親近感があるわ～。このP値が重要なキーワードになりそうね。

P値が非常に小さい場合は、本当に差がないならこんなに差のある結果が出る確率は非常に低いのだから、帰無仮説は正しくなかったのだと判断し（帰無仮説の棄却）、**2群に有意な差がある**と考えます。

仮説を立てて、それを棄却する（捨て去る）ことで、検証を進めていくのです。ちょっとややこしいですが、大切な手順です。

ふむふむ。そして、偶然では済まされない、ハッキリとした違いのことを「有意な差」や「有意差」というんですね。
文字どおり、意味の有る差ってことかぁ…。

では、**P値がどれくらい小さければ、帰無仮説が棄却され、有意と判断するか？** その閾値（境目となる値）が、「**有意水準（α）**」です。αは慣習上0.05（5％）に設定されています。

しかし、状況によっては0.01、0.001などが用いられることもあります。

逆に言えば、α＝0.05 と設定すると、本当はまったく差がない、つまり帰無仮説が正しいにも関わらず、有意差があると判定してしまう可能性が5％生じるということになります。

 今までの話をまとめてみると下図のようになるんですね。
P 値の大きさによって、判断できるわけかぁ…。P 値、大事です！

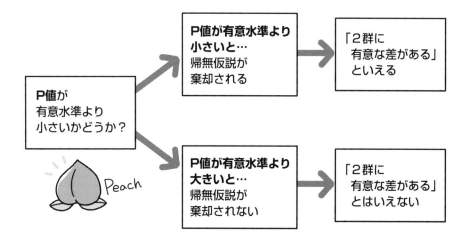

 実際には、P 値だけでなく、2群の差や信頼区間を考えることも大事ですが、まずは P 値についてしっかり押さえておきましょう。
さて、ここで重要なお話ですが。検定にはいろいろな種類があり、それぞれの検定によって、「帰無仮説」は異なります。
例えば、後でお話しする Kolmogorov-Smirnov 検定の帰無仮説は、「データが正規分布に従っている」という仮説です（P.78 参照）。

 え〜！ そんな検定もあるんだ！？ じゃあその検定で帰無仮説が棄却されたら、「正規分布に従っていない」ってわけね。

 はい！ そのように、検定にはそれぞれ帰無仮説があります。
そして P 値の大きさによって、その仮説が棄却される（または棄却されない）…という手順を踏んでいくのです。

3-2 家賃の差を比べてみよう！
〜t検定〜

 ん〜。早く「アパートとマンションの家賃の差」を検定してみたいんだけど。でも、その前に知っておくべきことがいろいろあるみたい！**なんだか検定にも、いろんな種類がある**のね。

 そうなんです。少しややこしいので、後でチャートにまとめてみますね。慣れないうちは、よくわからなくても大丈夫ですよ！

　検定で比較する場合は、あらかじめ比較するデータがどのような種類のデータかを押さえます。家賃は連続変数なので、**連続変数の検定方法**を覚えておく必要があります。

　まず、**比較する群が互いに独立しているか、対応があるか**を考えましょう。

　対応がある比較というのは、例えば、いくつかの賃貸物件で、2000年時点の家賃と2020年時点の家賃を比較するような場合です。物件Aの2000年の家賃と2020年の家賃の比較、物件Bの2000年の家賃と2020年の家賃の比較、…というように、比較するデータの間に対応があるので、「対応のある」比較の検定方法を用います。

　しかし、今回の比較では、いくつかのマンションの家賃と、いくつかのアパートの家賃の比較で、対応関係にはないので、「独立した」2群の連続変数を比較する検定方法を用います。「独立した」2群の連続変数を比較する検定方法には**t検定、Welch検定、Mann-Whitney U検定**がありますが、データが正規分布に従わない場合はMann-Whitney U検定を用います。

　各群のデータがおおよそ正規分布に従う場合は、2群の分散が等しければt検定、等しくなければWelch検定を用います。ただし、サンプルサイズが十分に大きい場合（30以上など）は上記の条件に従わなくてもt検定を使用してよいでしょう。

t 検定、Welch 検定の帰無仮説は「2群の平均値に差はない」です。

「2群の平均値に差はない」場合に、実際に見られたような差、あるいはそれ以上の差が見られる確率（P 値）が非常に低ければ、「2群の平均値に差はない」という仮説が間違っていた、すなわち、2群に有意な差があると考えます。

 ううぅ…、わけわからなくて落ち込みそうです…。

でも、下のチャートを見ると、頭の中がスッキリするかも。

要するに、比較するデータによって、検定方法が変わってくるんですね。

連続変数の検定方法の選択のチャート

◆ **2群が互いに独立している（2群間に対応がない）**

　● 各群のデータが正規分布に従う

　　→　2群の分散が等しければ t 検定

　　→　2群の分散が等しくなければ Welch 検定

　● 各群のデータが正規分布に従わない、あるいは順序変数である

　　→　Mann-Whitney U 検定

　　※サンプルサイズが十分に大きい場合（30 以上が目安）は、
　　　上記の条件に従わなくても t 検定を使用できる。
　　　ただし、順序変数には使用できない。

◆ **2群間に対応がある**

　● 2群間の差が正規分布に従う

　　→　対応のある t 検定

　● 2群間の差が正規分布に従わない、あるいは順序変数である

　　→　Wilcoxon 符号付順位和検定

　　※サンプルサイズが十分に大きい場合（30 ペア以上が目安）は
　　　正規分布に従わなくても対応のある t 検定を使用できる。
　　　ただし、順序変数には使用できない。

では、「アパートとマンションの家賃の差」について、**どの検定が良い
のか？** を考えていきます。先ほどのチャートを見てください。
今回は「2群が互いに独立している」ので、次は**「各群のデータが正規
分布に従うか」**を考えなければいけませんね。

　各群のデータが正規分布に従うかどうかを、まずは群別のヒストグラムを描
いて視覚的に確認してみましょう。

　🖱 グラフと表 → ヒストグラム です。

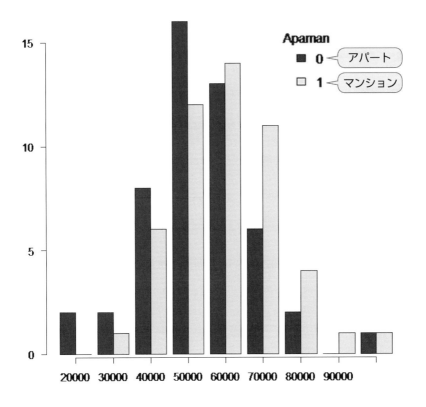

 おおっ！ 黒いのがアパート、薄いグレーがマンションね。
どちらも山の形で、正規分布っぽい感じかも～。

視覚的には、どちらの群も、おおよそ正規分布に従いそうに見えます。

　正規分布に従うことを帰無仮説として、統計学的に**正規分布に従うかどうかの検定**も可能ですが、サンプル数が少ないと適切に検定できないため、必ずしも行われません。ですが、ここでは練習を兼ねて検定してみましょう。

　🕐 統計解析 → 連続変数の解析 → 正規性の検定（Kolmogorov-Smirnov検定）で、マンション群について検定します。対象とするサンプルを指定する条件式のところに Apaman==1 と指定することで、マンション群だけの家賃の正規性の検定が行われるのです（条件を指定するときは、等号は「==」を、否定等号（≠）は「!=」を入力します）

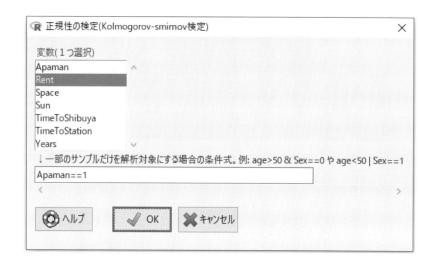

　次ページをご覧ください。図のグラフとともに、正規性の検定結果が表示されます。

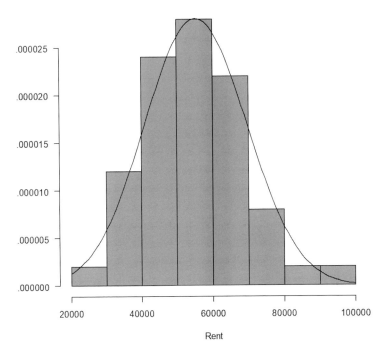

```
> ks.test(subset(Data, Apaman==1)$Rent, "pnorm", mean=mean(subset(Data,
+   Apaman==1)$Rent[!is.na(subset(Data, Apaman==1)$Rent)]), sd=sd(subset(Data,
+   Apaman==1)$Rent[!is.na(subset(Data, Apaman==1)$Rent)]))

        One-sample Kolmogorov-Smirnov test

data:  subset(Data, Apaman == 1)$Rent
D = 0.070768, p-value = 0.9637 ●────── 検定結果のＰ値
alternative hypothesis: two-sided

> # サンプル数が5000以下の場合のみShapiro-Wilk検定の結果も表示されます。

> shapiro.test(subset(Data, Apaman==1)$Rent)

        Shapiro-Wilk normality test

data:  subset(Data, Apaman == 1)$Rent
W = 0.98768, p-value = 0.8779 ●────── 検定結果のＰ値
```

Kolmogorov-Smirnov 検定のＰ値は 0.96、Shapiro-Wilk 検定のＰ値は 0.88 で、いずれも正規性の仮定は棄却されませんでした。

同様にアパート群について Apaman == 0 として検定しても、正規性の仮定は棄却されないことが確認できます。

正規性の仮定が棄却されない…目で見た形からしても、正規分布ということで良さそうですね！

それではまた、あのチャート（P.75）を見てみます。

えっと、次にやるべきことは、**「2群の分散が等しいかどうか」**を調べることかぁ…。それさえわかれば、検定方法が選べるはず…！

　次にt検定かWelch検定かの選択のために、2群の分散が等しいという帰無仮説について検定します。ヒストグラムから視覚的に判定しても構いませんが、練習も兼ねて**等分散性の検定**を行ってみましょう。

🖱 統計解析 → 連続変数の解析 → 2群の等分散性の検定（F検定）で検定ができます。

出力

```
> cat(gettextRcmdr("F test"), " ", gettextRcmdr("p.value"), " = ",
+  signif(res$p.value, digits=3),
+  "", sep="")
F検定 P値 = 0.589
```

この結果、P値は 0.59 で、等分散性も棄却されませんでした。つまり、2 群の分散が等しいと考えた検定を行っても良さそうです。よって、「アパートとマンションの家賃の差」の検定は、**t検定**を用いることとします。

◆ **2 群が互いに独立している（2 群間に対応がない）**
　• **各群のデータが正規分布に従う**
　　→ **2 群の分散が等しければ t 検定**

ようやく実際に、t 検定で比較することができますね！

🕐 **統計解析** → **連続変数の解析** → **2 群間の平均値の比較（t 検定）** で解析できます。

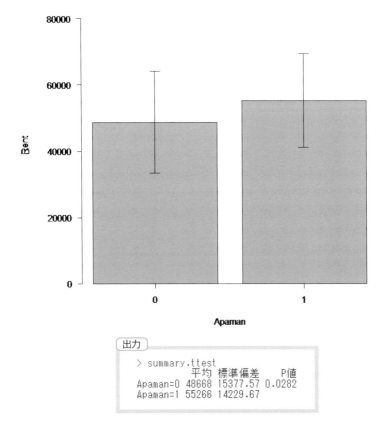

出力

```
> summary.ttest
           平均 標準偏差   P値
Apaman=0 48668 15377.57 0.0282
Apaman=1 55266 14229.67
```

　アパートの家賃は平均で48668円、マンションの家賃は平均で55266円で、t検定のP値は0.028となりました。P値が0.05未満なので、マンションの方が家賃が**有意に高い**ということがわかりましたね。

 ここにたどり着くまで長かった～！ でもおかげで、マンションの方が家賃が高めってことがわかったわ。

なんとなく「んー、高いな～」って気はしてたけど、実際に統計学的にも説明できたってわけね。

t検定：
独立した2群の連続変数の比較

- ■ 「2群の平均値に差はない」という**帰無仮説**を検定する。

- ■ 各群のデータが正規分布に従っている場合

  2群の分散が等しければ **t検定**

  等しくなければ **Welch検定**

  を用いる。

- ■ データが正規分布に従わない場合や順序変数の場合は

  t検定は使用できないので、Mann-Whitney U検定を用いる。

- ■ 2群の値に対応がある場合

  「**対応のあるt検定** (2群の差が正規分布に従う場合)」

  あるいは

  「**Wilcoxon符号付順位和検定** (2群の差が正規分布に従わない場合)」

  を用いる。

3-3 家賃はどのような条件と関係している？
〜相関係数〜

 家賃はマンションのほうがアパートよりも高額、ということはわかりました。ただ、家賃って、きっとほかにも**いろんな要素の影響**を受けていそうですよねぇ。駅までの徒歩でかかる時間とか、専有面積とか…。

 あっ、専有面積は特に気になるわ！ 広々とした部屋なら、お洋服も素敵に収納できそう。ショップみたいにディスプレイするのもいいな〜。

 モモちゃん服いっぱい持ってるもんねぇ。私は実家暮らしだけど、もっと部屋が広かったら、大きい本棚を追加したいなぁ…。

広いお部屋で広がる夢…

 なるほど、部屋が広いのは素敵ですよね。ただ、おそらく…。
専有面積が広いほど、家賃は高いと推測されます。

 ううぅ…、やっぱそうですよね…。厳しい現実〜…。

「専有面積」と「家賃」の間に関連がありそうなので、これから、専有面積
と家賃の**相関関係**について考えていきましょう。

 相関関係って、一方が増加すると、もう一方が増加（または減少）する
ような２つの量の関係のことよね。専有面積と家賃をイメージすると、
バッチリわかりやすいわ。

　専有面積も家賃も連続変数なので、２つの連続変数の相関を評価する統計解
析を行います。連続変数の**相関関係の強さ**は、**相関係数（r）**という値で評価
します。相関係数は−１と１の間の値をとり、**２つの連続変数がどの程度一緒に
動くか**を表します。
　相関係数が「正の値」の場合は、２つの変数は一方が増加すればもう一方も
増加するという関係です。
　相関関係が「負の値」の場合は、一方が増えればもう一方は減少するという
逆の変動（逆相関）を示します。
　相関係数が１または−１に近いほど（つまり、絶対値が１に近いほど）強い
相関であるといえます。

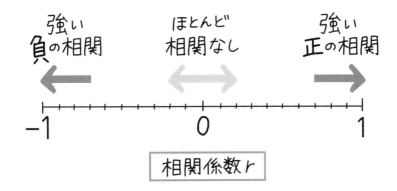

そしてこの相関についても、検定ができます。2つの連続変数が相関関係にあるかどうか、判断できるのですね。

相関係数には種類があって、相関の検定のためには、**どの相関係数で評価するか**を選びます。こちらもチャートでまとめておきますね。

2群のデータがいずれも正規分布に従う場合は **Pearson の積率相関係数**で、正規分布に従わない場合や順序変数の場合は **Spearman の順位相関係数**で評価します。

相関の検定の帰無仮説は「2つの連続変数の間にまったく相関がない」です。

また、相関の程度が弱くても、サンプル数が大きくなると P 値は小さくなるので、P 値が小さい（帰無仮説が棄却される）からといって相関が強いとは限りません。ですので、P 値だけでなく、相関係数そのものの値を見ることが重要です。

相関の検定方法の選択のチャート

- 2群のデータがいずれも正規分布に従う場合
  → Pearson の積率相関係数で評価する。

- 正規分布に従わない場合や順序変数の場合
  → Spearman の順位相関係数で評価する。

家賃のデータがおおよそ正規分布に従うかどうかについてはすでに調べましたので、専有面積についても形式的に正規性の検定を行いながらヒストグラムで視覚的に確認してみましょう。

まずは、P.78 と同じ手順で**正規性の検定**を行います。図のグラフとともに、正規性の検定結果が表示されます。

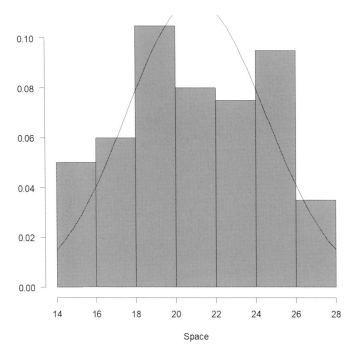

Shapiro-Wilk 検定では正規性が棄却されました。しかし、視覚的にも正規性から大きく外れることはないと判断して、**Pearson の積率相関係数で評価**を行うことにします。

統計解析 → **連続変数の解析** → **相関係数の検定 (Pearson の積率相関係数)** で、Pearson の積率相関係数の評価が実施できます。

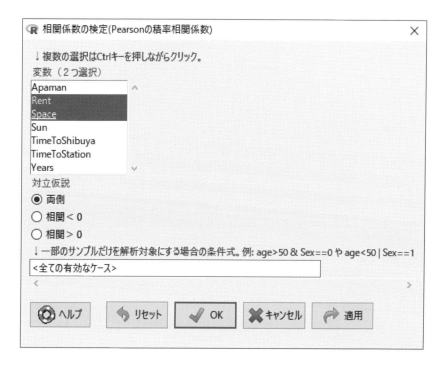

 さて、これで「専有面積」と「家賃」の相関関係がわかります。
データを点でプロットした散布図などのグラフ。そして、**相関係数**や**P 値**などが表示されるんですよ。

さあ、次のページを見てください。
「専有面積が広いほど、家賃は高くなる」という推測について、興味深い結果が出たようです！

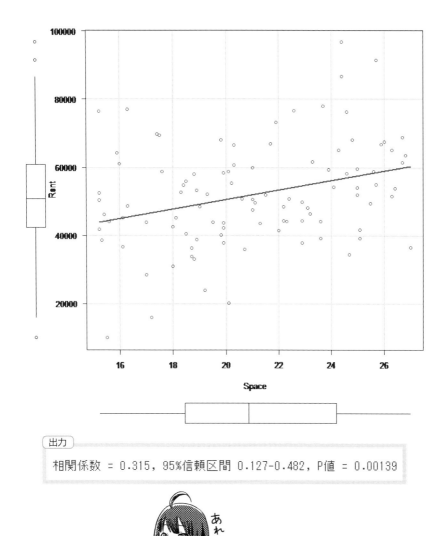

出力

相関係数 = 0.315, 95%信頼区間 0.127-0.482, P値 = 0.00139

　P 値は 0.0014 なので、専有面積と家賃の間には**有意な相関（偶然ではない相関）がある**といえます。

　しかし、**相関係数は 0.32** と、1 に近いとはいえない数値になりました。

相関係数の絶対値と相関の強さの目安としては、0～0.2で「ほとんど相関なし」、0.2～0.4で「弱い相関あり」、0.4～0.7で「相関あり」、0.7以上で「強い相関あり」というような解釈をします。

　ですので、今回の**相関係数 0.32** は、強い相関ではないようです。

 え～！ 相関関係はあるけど、でも専有面積はそれほど家賃に影響してないってこと？ なんだか意外だわ…。

 僕もてっきり、もっと強い相関があるんじゃないかと思っていたのですが。なかなか興味深い結果ですね。

 うーん…。えっと、あの、考えてみたんですけど…。
この100件のデータはすべて「ワンルーム」ですよね。そこがポイントかもしれません。
例えば「1DK」や「4LDK」もあるような…専有面積の幅が大きいデータだったら、専有面積と家賃はもっと強い相関関係にあるのかも…。
…わ、私の勝手な意見というか、独り言ですけど…。

 なるほど！ 鋭い考察だと思います、奈央さん。

 い、いえいえっ、そんな…。

 ふーむふむ。専有面積はそれほど強く家賃に関係していない…。じゃあ**何が強い相関関係にあるんだろう？**
タイムイズマネーっていうぐらいだし、時間が重要なのかも。

ねえねえ、せっかくだから専有面積だけじゃなくて、「最寄り駅までの徒歩でかかる時間」、「最寄り駅から渋谷駅までの時間」についても、家賃との相関関係を調べてもらえないかな～。お願いっ！

それでは、先ほどと同じ手順で検定を行ってみます。

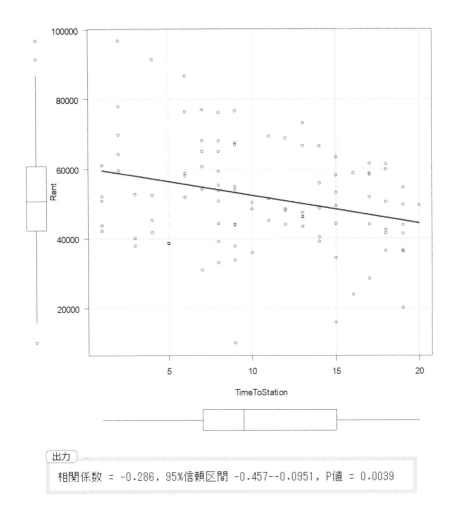

相関係数 = -0.286, 95%信頼区間 -0.457--0.0951, P値 = 0.0039

　「最寄り駅までの徒歩でかかる時間と家賃の相関」 は、P 値は 0.0039 で有意
ではありますが、相関係数は −0.286（負の値なので徒歩時間が長いほど家賃
は下がる）と強い相関ではありませんでした。

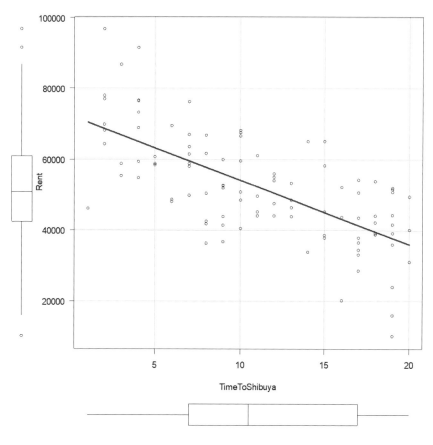

相関係数 = -0.679, 95%信頼区間 -0.773--0.557, P値 = 7.76e-15

　「**最寄り駅から渋谷駅までの時間と家賃の相関**」は、P値は7.76e-15、すなわち、7.76×10^{-15}（0.00000000000000776）と非常に小さい値で、相関係数は-0.679と、絶対値が1に近くなり、比較的強い相関が見られました。

つまり、物件の**「最寄り駅から渋谷駅までの時間」**が家賃に比較的強く**影響している**ようです。

おぉ～！ 確かに納得だわ。渋谷駅までどのくらいの時間で行けるかって重要だもんね。授業もバイトも遅刻したらヤバいし。家を出発する時間が大幅に変わってくるわ～。

ねえねえ、これって、モモちゃんの疑問の２つ目
・**家賃はどういう条件と関係してるの？**
を解決したことになりそう…だよね。

うんっ、そうね。海樹くんも奈央もありがとー！

POINT

相関係数：２つの連続変数の 関連の強さを評価する指標

■ ２群のデータがいずれも正規分布に従う場合は
Pearson の積率相関係数で評価する。

■ 正規分布に従わない場合や順序変数の場合は
Spearman の順位相関係数で評価する。

3-4 色々な条件から家賃を計算してみよう！
〜単回帰分析と重回帰分析〜

 今までの話で「家賃は、いろいろな要素の影響を受けてる」ってことがよくわかったわ。それじゃ逆に「いろいろな要素から、家賃を推測する」ことはできるのかしら〜。

 ええと、つまり**「こんな条件の部屋だったら、家賃はいくらくらいか？」を推測する**ってことだよね。うーん…。どうしたらいいんだろう。

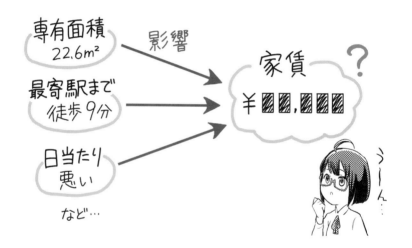

 ふむ。そのような場合は**「回帰分析」**を行うことになりますね。「専有面積」や「最寄り駅までの徒歩でかかる時間」や「日当たり」や「築年数」などの【原因】から、家賃という【結果】を求めるのです。

 か、かいきぶんせき…。なんか難しそうですねぇ…。

 じっくりお話しますのでご安心ください。それに、考え方さえ理解しておけば、実際の解析は EZR にお任せできるんですよ。

これから「回帰分析」についてお話ししていきます。

まずは単純な例として、**専有面積から家賃を推測する**という場合を考えてみましょう。この場合、専有面積を x、家賃を y として、**x から y を計算する式**を立てればよいということになります。

専有面積 x が $1\,\mathrm{m^2}$ 広くなるごとに、家賃 y が b 円だけ高くなるとしたら、$y = a + bx$ という式（回帰式やモデル式といいます）で表すことができます。

 なるほどね～。確かにこの式なら、「面積 x が大きくなればなるほど、家賃 y も大きくなる」って感じがするわ。

この b を**回帰係数**と呼びます。また、a は $x = 0$ のときの家賃で、回帰式の中では**切片**と呼びます。

実際には、家賃がすべてこの計算式にぴったり当てはまることはなく、上下にばらつくので、計算値と実際のデータとの差（回帰式の中では**残差**と呼ぶ）を e として、$y = a + bx + e$ となります。

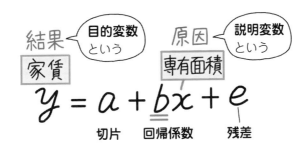

この解析は、結果（家賃）を1つの原因（専有面積）から推測しているので、**単変量解析**と呼びます。一方、後述するように、複数の原因から1つの結果を推測する解析は**多変量解析**と呼びます。

実際に、🕐 **統計解析 → 連続変数の解析 → 線形回帰（単回帰、重回帰）** で、専有面積から家賃を計算する計算式を作ってみましょう。

解析結果はパッと見にはわかりにくいですが、(Intercept) の行は切片を示し、この行の回帰係数推定値が $y = a + bx + e$ の a（切片）に相当します。

そして Space の行は専有面積を示し、この行の回帰係数推定値が b（回帰係数）に相当します。

したがって、この解析から得られた家賃の計算式は次のようになります。

（家賃（円）） = 23088 ＋ 1374 ×（専有面積（m²）） ＋ 残差

ちなみに、前の節で扱った**相関**も、この節で扱っている**回帰**も、連続変数同士の関連の強さを評価していますが、2つの変数（家賃と専有面積）の関係には違いがあります。

　相関は2つの連続変数の関連の強さを評価するもので、**2つの変数の関係は同等**です。ですが、回帰はある結果を表す変数（目的変数。従属変数ともいう）をその他の変数（説明変数。独立変数ともいう）によってどの程度説明（予測）できるかを示すものですので、**2つの変数の関係は同等ではありません。**

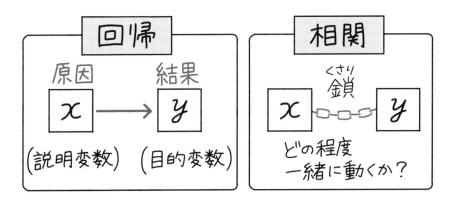

　ただし、相関係数の解析のP値（P.89 参照）と回帰分析のP値（P.96 参照）はいずれも 0.0014 で同じ値となります。

　また、先ほどの回帰分析の結果を、ちょっとスクロールさせてみると、下のような出力になっています。

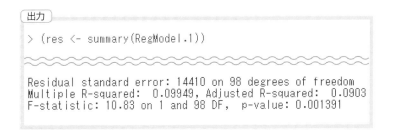

出力

```
> (res <- summary(RegModel.1))
～～～～～～～～～～～～～～～～～～～～～～～～～～～～
Residual standard error: 14410 on 98 degrees of freedom
Multiple R-squared: 0.09949, Adjusted R-squared: 0.0903
F-statistic: 10.83 on 1 and 98 DF,  p-value: 0.001391
```

　上図で下の方に書かれている Multiple R-squared という値は相関係数（r）の2乗を表します。この数値 0.09949 は Pearson の積率相関係数 0.315 を2乗した値とほぼ同じ値です（四捨五入の関係で少しずれが生じています）。

ところでさ〜、さっき家賃の計算式が作れたけど、原因が「専有面積」だけじゃ、いまいち不安だよね。

もっと他の要素…**「最寄り駅までの徒歩でかかる時間」**や**「日当たり」**とか、いろいろ含めて考えた方が、ちゃんと家賃が推測できそうだわ。

　家賃は、専有面積だけではなく多くの要素で決定されるので、それらをすべて含めた計算式を作らなければなりませんね。

　専有面積から家賃を求める回帰分析は、単一の要素での解析なので**単回帰**（単変量解析の一種）と呼ばれます。

　複数の要素での解析は、**重回帰**（多変量解析の一種）と呼ばれます。

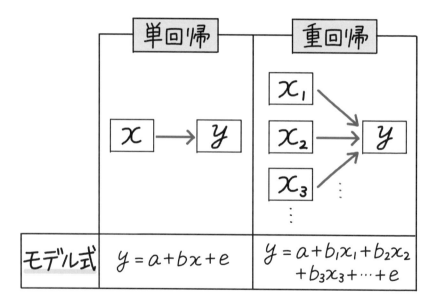

　複数の要素を x_1, x_2, x_3, … とすると、重回帰のモデル式は

$$y = a + b_1x_1 + b_2x_2 + b_3x_3 + \cdots + e$$

のようになります。

　結果を示すデータ（目的変数）が正規分布に従う連続変数の場合は、重回帰（正確には多重線形回帰）を用いることができます。

ここで重回帰分析の流れを、少しお話します。
その後、実際に重回帰分析を実施してみましょう！

　重回帰では、結果を示すデータ（目的変数）は正規分布に従う必要がありますが、原因となるデータ（説明変数）は、正規分布に従う必要はなく、また、連続変数でもカテゴリー変数でも構いません。ただし、3値以上をとるカテゴリー変数の場合は、**ダミー変数**（P.135 コラム「ダミー変数とは」を参照）を用いる必要があります。連続変数の場合は、その値の変化が目的変数に対して常に一定の影響を及ぼす（例えば、専有面積が $20\,\mathrm{m}^2$ と $21\,\mathrm{m}^2$ の違いと、$50\,\mathrm{m}^2$ と $51\,\mathrm{m}^2$ の違いは、同じ影響を与える）という前提が必要となります。

　重回帰分析の帰無仮説は、「作成された計算式（モデル式）のすべての説明変数の回帰係数が 0 である、すなわち、各説明変数と目的変数には関係がない」です。
　なお、作った計算式のことを「**モデル**」ともいいます。

 仮説を立てて、それを棄却することにより、検証を進めるんでしたね。
つまりこの帰無仮説が棄却されたら「原因のデータ」が「結果」に影響している！ ということになりますね…。

　この帰無仮説は、F 検定の結果で評価します。その後、さらに**それぞれの説明変数**について、「その回帰係数が 0 である」という帰無仮説に対する検定を行います。ただし、説明変数同士の間に強い相関があると重回帰分析は正しく行われませんので、それぞれの説明変数の間に多重共線性がないことを確認する必要があります（P.101 および P.105 コラム「多変量解析の説明変数の選択」を参照）。
　ではいよいよ、重回帰分析を行ってみましょう！
　重回帰分析も、単回帰分析と同じで、　　　　　**統計解析 → 連続変数の解析 →**
線形回帰（単回帰、重回帰） で実行します。

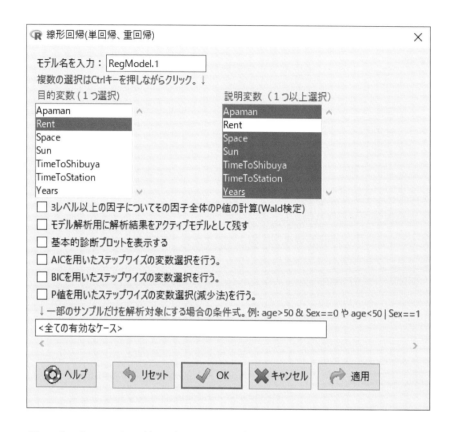

 よ～し！ これで結果がわかる…はずだけど。
次のページを見て。ずいぶんズラーッと文字が並んでるわね。

　出力ウィンドウを上のほうにスクロールすると、重回帰の解析結果のサマリーが表示されています。詳細は割愛しますが、Multiple R-squared の数値は重相関係数という量の 2 乗を表し、これが **1 に近いほど当てはまりが良い**（回帰式が実際のデータと合致している）ということになります。

　その下の行の P 値（F 検定）は、「この重回帰モデルのすべての回帰係数が 0 である」という帰無仮説に対する P 値で、これが有意であれば**このモデルは目的変数（ここでは家賃）を予測する能力がある**ということになります。

　P 値は非常に小さい値（2.2×10^{-16}、つまり 1 京分の 2.2 未満）なので、このモデルは有用と考えられます。

```
> (res <- summary(RegModel.1))

Call:
lm(formula = Rent ~ Apaman + Space + Sun + TimeToShibuya + TimeToStation +
    Years, data = Data)

Residuals:
    Min      1Q  Median      3Q     Max
-9782.2 -4242.7  -649.6  4253.3 12524.5

Coefficients:
               Estimate Std. Error t value Pr(>|t|)
(Intercept)    39427.84    3722.76  10.591  < 2e-16 ***
Apaman          9528.90    1147.23   8.306 7.75e-13 ***
Space           2118.14     167.82  12.622  < 2e-16 ***
Sun             -271.97    1151.53  -0.236    0.814
TimeToShibuya  -1938.71     103.29 -18.769  < 2e-16 ***
TimeToStation   -867.30     105.94  -8.187 1.38e-12 ***
Years           -475.51      80.48  -5.908 5.63e-08 ***
---
Signif. codes:  0 '***' 0.001 '**' 0.01 '*' 0.05 '.' 0.1 ' ' 1

Residual standard error: 5591 on 93 degrees of freedom
Multiple R-squared:  0.8714,   Adjusted R-squared:  0.8631
F-statistic:   105 on 6 and 93 DF,  p-value: < 2.2e-16
> vif(RegModel.1)
      Apaman         Space           Sun TimeToShibuya TimeToStation         Years
    1.052685      1.072209      1.053796      1.084362      1.066043      1.037506
> ###variance inflation factors

> multireg.table <- NULL

> multireg.table <- cbind(res$coefficients[,1], confint(RegModel.1),res$coefficients[,2:4])

> colnames(multireg.table)[1] <- "Estimate"

> colnames(multireg.table) <- gettextRcmdr( colnames(multireg.table))

> multireg.table
              回帰係数推定値 95%信頼区間下限 95%信頼区間上限     標準誤差     t統計量         P値
(Intercept)    39427.8377     32035.1701     46820.5052 3722.76199  10.5910176 1.161807e-17
Apaman          9528.9020      7250.7211     11807.0829 1147.23478   8.3059738 7.749550e-13
Space           2118.1420      1784.8934      2451.3907  167.81566  12.6218377 7.214201e-22
Sun             -271.9707     -2558.6836      2014.7422 1151.53127  -0.2361818 8.138110e-01
TimeToShibuya  -1938.7063     -2143.8247     -1733.5879  103.29249 -18.7690925 2.184096e-33
TimeToStation   -867.2968     -1077.6708      -656.9228  105.93906  -8.1867523 1.378368e-12
Years           -475.5141      -635.3324      -315.6958   80.48048  -5.9084406 5.630161e-08
```

吹き出し: 左から回帰係数推定値、その標準誤差、t統計量、P値。

吹き出し: 左（0.8714）は重相関係数の2乗、右（0.8631）は自由度調整済みの重相関係数の2乗で、いずれも1に近いほど当てはまりがよいことを示す。

吹き出し: 多重共線性の指標となる分散拡大要因（VIF）の値。

　さらに下の vif と書かれているところに分散拡大要因（VIF）の値が表示されています。これは**多重共線性**を示す指標です（多重共線性は、説明変数同士に互いに強い相関がある状態のことです。多重共線性に問題があると、推測に悪影響があります）。目安としては、VIF が 5 以上だと多重共線性の可能性があり、10 以上だと危険性がかなり高いと判断されます。今回は、いずれも 2 未満の値であり、多重共線性の問題はないと考えられます。

　一番知りたい結果である、モデル式の回帰係数や切片は、下のほうにある
> multireg.table の下の表に書かれています。（Intercept）の欄は切片を示し、その下にそれぞれの説明変数が示されています。

回帰係数推定値の値から、家賃の計算式は下式のようになります。

$$
\begin{aligned}
(\text{家賃 (円)}) =\ & 39428\ \text{円} \\
& + 9529 \times (\text{アパマン}) + 2118 \times (\text{専有面積 (m}^2\text{)}) \\
& - 272 \times (\text{日当たり}) - 1939 \times (\text{渋谷までの時間 (分)}) \\
& - 867 \times (\text{最寄り駅までの時間 (分)}) \\
& - 476 \times (\text{築年数}) \\
& + \text{残差}
\end{aligned}
$$

※ただし、（アパマン）はアパートなら 0、マンションなら 1 を、
（日当たり）は良いと書かれている物件は 1、そうでない物件は 0 を当てはめます。

　また、表の一番右の列には P 値が示されています。これは、それぞれの説明変数の回帰係数が 0 である（すなわち、**その説明変数は目的変数の予測に役立たない**）という帰無仮説に対する P 値であり、日当たり以外はすべて有意な結果（0.05 未満）となっています。

へぇぇ…！ 家賃の計算式を見ると、何の要素がどのくらい影響するのか、具体的にわかりやすくて面白いですね！
日当たりはほとんど影響しないんですか…。意外…。
そして、渋谷までの時間が分刻みで 1939 円も影響するなんて…。

この計算式、すごーい！ これがあれば、私の最後の疑問もついに解決しそうだわ。

モモさんの最後の疑問は、
・**気になる物件があるんだけど、この家賃ってぼったくりじゃない？**
でしたね。その気になっている物件というのは？

えへへ。実はこの物件に憧れてるの。でも、さすがに高すぎだなーと思って。ワンルームで家賃 **76700 円**なんて〜！

　桃子さんが気になっている物件は、家賃が76700円で、最寄り駅まで徒歩9分、渋谷駅まで4分、専有面積22.6 m²、築11年のマンションで、日当たりが良いとは書かれていません。

　この条件を計算式に入力すると、

$$39428 + 9529 \times 1 + 2118 \times 22.6$$
$$- 272 \times 0 - 1939 \times 4 - 867 \times 9 - 476 \times 11$$
$$= 76029 \text{円}$$

となるので、76700円の設定は妥当な値だと考えられます。

 ひぃぃいい！ 高いけど、適正価格なんですねぇ…。
恐るべし東京…！

 だねぇ。高嶺の花っていうか、まさに高値…。とほほ…。
でも、ぼったくりじゃないってわかって、なんだかスッキリしたかも～。

POINT

線形回帰分析：正規分布に従う連続変数に対する回帰分析

■ **結果を表す目的変数**は正規分布に従う必要があるが、**原因を表す説明変数**は連続変数でもカテゴリー変数でも良い。ただし、連続変数の場合は、その値の変化が結果に対して及ぼす影響が常に一定である（例えば、20 歳と 21 歳の違いは、50 歳と 51 歳の違いと同じ）、という前提が必要となる。

■ それぞれの説明変数の間に**多重共線性**がないことを確認する。

■ **モデル全体の有用性**は F 検定で「すべての回帰係数が 0 である」という帰無仮説を検定し、その後、それぞれの説明変数について、「その回帰係数が 0 である」という帰無仮説に対する検定を行う。

多変量解析の説明変数の選択

「多変量解析のモデルに組み込む説明変数を、どのように選択するか？」は難しい問題で、統計の専門家に相談するのが確実な方法ですが、簡単に目安だけを紹介します。

理論的に、あるいは既存の解析結果から目的変数と関連すると想定される変数は、**すべて説明変数としてモデルに組み込むことが望ましい**です。しかし、実際の説明変数の選択では、**多重共線性**、つまり、説明変数同士が互いに強く相関する状態について注意しなければなりません。少なくとも相関係数 0.9以上のように非常に高い相関関係にある変数は、同時にモデルに含めるべきではありません。また、サンプル数が十分でないにもかかわらず、多くの説明変数を組み込むと、正しい解析が行われなくなります。

一般的には 1 つの説明変数に対して、重回帰なら 10 個以上のサンプル、生存解析やロジスティック回帰では 10 件以上のイベント発生、ただしロジスティック回帰でイベント発生数が非発生数を上回る場合は非発生数が 10 件以上必要とされます。

1 つの方法としては、まずは興味の対象となる変数、理論的に重要であると考えられる変数、過去の解析結果によって重要であると考えられる変数、単変量解析で有意となった変数（抑制因子の影響を考えて P 値が 0.10〜0.20のように広めに選択する）をすべてモデルに含めるという方法です。

そして、変数を限定しなければならない場合には、P 値やモデルの当てはまり度を計算しながら機械的に変数を絞り込んでいきます。しかし、ある特定の変数に関心があるような場合は、その変数は常にモデルに残す必要があります。理論的に、あるいは過去の研究結果などによって明らかに重要である因子も、同様に除外しないようにします。

▲▼ 学習後のあれこれ ▲▼

 今日もいろいろありがと〜。それにしても、やっぱり東京は何かとお金がかかるねえ。勉強はもちろん、バイトも頑張らなくっちゃ。

 あ、そういえば、何のバイトをしてるんですか？

 実はね、パン屋さん！ カフェも併設でオススメだよ〜！
あ、そうだ。海樹くんって明日ヒマ？ 奈央と遊ぶ予定だったんだけど、急にシフトが入っちゃってさー。良かったら明日、2人ともうちの店に来てみてよ。奈央も来るの初めてだよね。

 へぇー、いいですね。僕、パン大好きです。

 あっ、えっと…。うううぅ…。きっとお洒落なお店だろうから、すごく緊張するけど…。でも、い、行ってみましょう！

第4章

新製品でアンケート調査
〜比率の検定と多変量解析〜

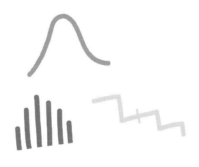

モモのバイト先
ベーカリー＆ cafe

はい お待たせ
致しました〜！

甘くて超オススメ！
新製品のオレンジパン
クリーム添えだよ〜！！

うっわあ！
美味しそう…！

今日は私が奢っちゃうから！
2人とも遠慮なくどーぞ

見た目も
綺麗ですねー

えっへん！

いっただき
まーす！

で、ところで
あのぉ〜…
海樹くん

今日は自慢のパンで
普段のお礼をしたいな〜
って思ってたんだけど…

実は急に
相談したいことが
できちゃって！

ごめーん！
教えて〜！！

はいっ
喜んでー

今日も…
困ったときの海樹くん！

109

 えへへ。バイトは休憩時間に入ったから、私も私服に着替えてこの席に座っちゃうね〜。この店はパン屋さん＆カフェで人気なんだよ。

 確かに、パンがとっても美味しかったです。それで相談とは？

 実はね、さっきの**新製品のパンのアンケート調査**に関する相談なの。

 店長が「モモさんは、お客さまへの笑顔がイイね！」って私をアンケート係にしちゃって。「ついでに、アンケートの分析もよろしく！」って。まったくもー、人使い荒いんだから。

 ひえええぇ…モモちゃんが心配だよぉ…。ブラック企業…パワハラ…。

 あ、それは大丈夫。この店には、尊敬できる憧れの先輩もいるしね〜。とにかく、このアンケートの回答データから、**「どんな人が、新製品のパンを買ってくれたか？」**を知りたいんだよ〜。

 なるほど。それでは一緒に考えていきましょうか！

新製品のパンの発売日にアンケート調査を行いました。アンケートの項目は年齢、性別、来店頻度（週に1回未満、1回以上）、朝食はご飯かパンか、食パンと菓子パンどちらが好きか、同居家族に小学生以下の子供がいるかどうか、出身地（北海道・東北、関東・中部、近畿・中国・四国、九州沖縄）。

	Purchaser	Age	Sex	Frequency	Breakfast	Type	Elementary	Area
1	0	50	1	0	0	1	0	Kansai
2	1	49	1	1	1	1	1	Kansai
3	0	43	0	0	1	1	0	Northern
4	0	34	1	0	0	1	0	Kanto
5	0	51	1	0	0	1	0	Kansai
6	0	37	1	0	0	0	1	Kansai
7	1	41	1	0	0	1	0	Kanto
8	1	35	1	1	0	0	0	Kansai
9	1	36	1	0	1	1	1	Kanto
10	0	53	1	0	0	0	0	Northern
11	0	43	1	0	0	0	0	Kyushu
12	1	40	1	1	0	0	1	Kansai
13	1	48	1	0	1	1	1	Kanto
14	0	25	1	0	0	0	1	Kanto
15	0	39	1	0	0	0	0	Northern
16	0	34	0	1	0	0	0	Kanto
17	0	21	1	0	0	0	0	Kyushu
18	0	16	1	1	0	1	0	Northern
19	0	40	0	1	1	1	0	Northern
20	0	53	1	1	0	1	0	Kansai
21	0	28	1	0	0	0	0	Kanto
22	0	19	1	0	0	0	1	Kansai
23	0	38	0	1	0	0	0	Kanto
24	0	34	1	0	0	0	1	Kanto
25	1	42	1	1	0	1	0	Kansai
26	0	57	1	0	1	0	0	Kansai
27	0	32	1	0	1	0	0	Northern
28	1	31	1	1	1	0	0	Kansai
29	0	45	1	0	0	1	0	Kanto
30	1	41	0	1	0	1	1	Kyushu
31	0	47	1	1	0	0	1	Kansai
32	1	39	1		1	0	0	Kansai

▲データファイル：パン屋.rda

Purchaser は新製品の購入者は1、非購入者は0の変数です。

以下はアンケート回答者の情報です。Age は年齢、Sex は性別（男性が0、女性が1）、Frequency は来店頻度（週に1回未満が0、1回以上が1）、Breakfast は朝食がご飯なら0、パンなら1、Type は食パンが好きなら0、菓子パンが好きなら1、Elementary は同居家族に小学生以下の子供がいなければ0、いれば1、Area は出身地が北海道・東北なら Northern、関東・中部なら Kanto、近畿・中国・四国なら Kansai、九州沖縄なら Kyushu です。

まず、購入者の数を見てみましょう。

 統計解析 → **名義変数の解析** → **頻度分布** で Purchaser を調べます。

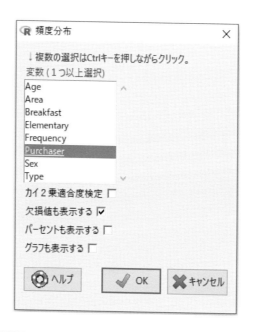

```
> (.Table <- table(Data$Purchaser, exclude=NULL))  # 頻度分布 変数: Purchaser

  0   1
111  54
```

 0（非購入者）が111人、そして1（購入者）が54人ということかぁ。
アンケートの回答者は、合計165人ということですね。
グラフだと、どうなるんでしょう？

二値変数をグラフで要約する際には、円グラフがよく使用されます。

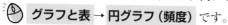 **グラフと表** → **円グラフ（頻度）** です。

ちなみに**二値変数**とは、「Yes／No」、「ある／ない」のように、2つの値の
どちらかをとる**カテゴリー変数**のことです。ここでは0と1で表しています。

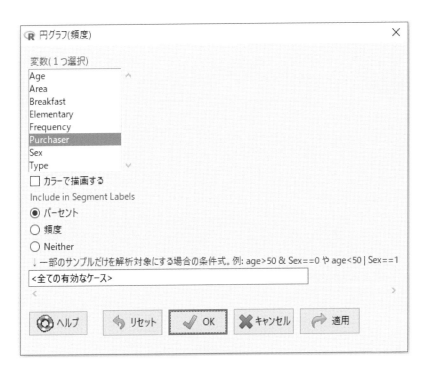

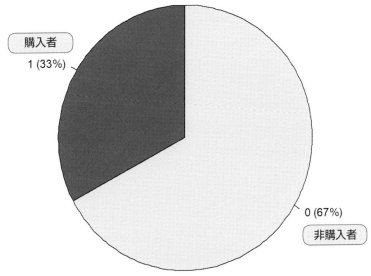

 おおっ！円グラフだと、視覚的ですごくわかりやすいわね〜。

4-2 新製品を買った人の割合を比較してみよう！
～カイ２乗検定と フィッシャーの正確検定～

　165名のアンケート回答者のうち、54名が新製品を購入していたことがわかりました。次に、**どのような人が購入したか**を調べる必要があります。

　新製品のオレンジパン、甘くて美味しいよね～。子供も好きそうだから「同居家族に小学生以下の子供がいるかどうか」が影響しそう。
どう？　なかなか鋭い推理…ていうか予想でしょ。

　名探偵モモちゃんの誕生だ…！　その考えが当たってるかどうか確かめるためには、「新製品を購入したかどうか」と「子供がいるかどうか」のデータを調べればいいのかなぁ。

　新製品を購入したかどうかの変数も、同居家族に小学生以下の子供がいるかどうかの変数も、いずれもカテゴリー変数です。この場合、**クロス集計表（分割表）**を作成すると相関関係が見やすくなります。

　つまり、小学生以下の子供がいるかどうかで分けて、新製品を購入した人がどれくらいいたかを集計するのです。

　統計解析 → 名義変数の解析 → 分割表の作成と群間の比率の比較（Fisher の正確検定）で集計表を作成してみましょう。

　出力ウィンドウを上のほうにスクロールすると、次ページのように、実数表示のクロス集計表と、パーセント表示のクロス集計表を確認できます。

　新製品を購入しなかった人では、同居家族に小学生以下の子供がいる割合は34.2%だったのに対して、購入者では72.2%ですね。

　桃子さんの予想どおり、「同居家族に小学生以下の子供がいるかどうか」と「新製品の購入」には関係がありそうに見えます。

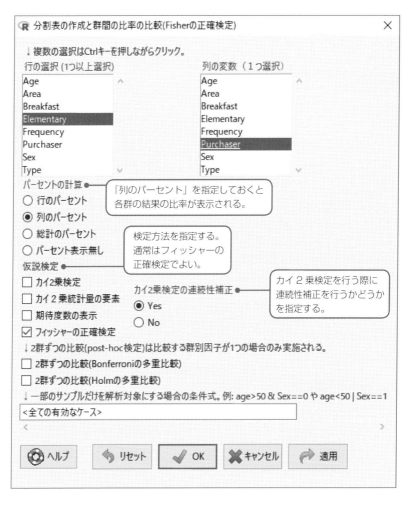

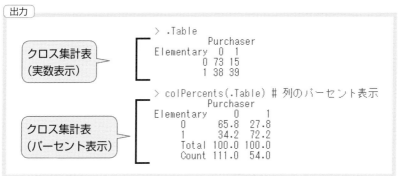

「同居家族に小学生以下の子供がいるかどうか」と「新製品の購入」の関係について、この関係をグラフで視覚的に表すには

 グラフと表 → **棒グラフ（頻度）** で棒グラフを描くのがよいでしょう。

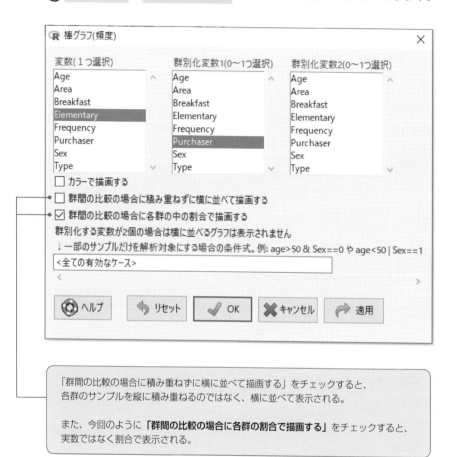

「群間の比較の場合に積み重ねずに横に並べて描画する」をチェックすると、各群のサンプルを縦に積み重ねるのではなく、横に並べて表示される。

また、今回のように「**群間の比較の場合に各群の割合で描画する**」をチェックすると、実数ではなく割合で表示される。

次のページのように、棒グラフが横に並んで表示されましたね！
左の棒グラフが「非購入者」、右の棒グラフが「購入者」を表していて、そして薄いグレーの色が「子供がいる」、黒っぽい色が「子供がいない」を示している人ですね。

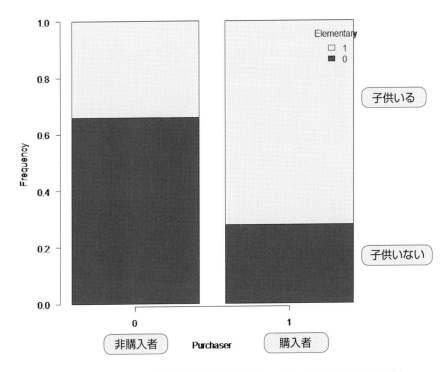

※この棒グラフは「Purchaser（購入者かどうか）」と「Elementary（子供がいるかどうか）」
の関係を視覚的に表しています。
左側の「Frequency」は、棒グラフの頻度や度数を示す目盛りです。アンケート回答の
「Frequency（来店頻度）」と単語は同じですが、ここでは関係ありません。

　「新製品を購入しなかった人では、同居家族に小学生以下の子供がいる割合
は 34.2% だったのに対して、購入者では 72.2%」ということを、棒グラフでも
表現することができました。

　しかし、この 34.2% と 72.2% の差が、偶然でも不思議はないくらいの差なの
か、つまり、統計学的な**有意差があるのかどうか**、検定を行ってみましょう。
…といっても、EZR ではクロス集計表の作成と同時に検定が行われるので、
すでに結果は出力ウィンドウの一番下に表示されています（次ページに掲載し
ています）。

さて、検定の結果が気になるところですが…、その前に少しだけ
「カテゴリー変数の検定方法」について、お話しますね。
前回、家賃の話題では「連続変数の検定方法（P.75）」でしたが、今日
はカテゴリー変数についてです。

　カテゴリー変数を「独立した群で比較する」場合には、帰無仮説は「2群の
比率は等しい」で、検定方法は、**Fisherの正確検定**と**カイ2乗（χ^2）検定**が
考えられます（χはギリシャ文字でカイと読みます）。

　カイ2乗検定は近似した値を求める方法で計算が簡便ですが、サンプル数が
少ない場合（特に集計表の中に5以下の数字がある場合）は、不正確なP値に
なってしまいます。

　Fisherの正確検定は直接的にP値を計算するので、膨大な計算が必要にな
りますが、現代のパソコンの計算力から考えると、よほど大きなデータでない
限りFisherの正確検定を使用すればよいでしょう。

　また、もしも、このアンケートに回答した165人に、1か月後にもう一度調
査を行って、新製品を購入したかどうかを、この日と1か月後で比較するとし
たらどうでしょう。その場合は、1人1人の異なる日での購入の有無の比較に
なるので、「対応のある2群の比較」となり、**McNemar検定**を用いることに
なります。

　さて、ここでいよいよ検定の結果を確認してみましょう。

```
出力
> Fisher.summary.table
               Purchaser=0 Purchaser=1 Fisher検定のP値
Elementary=0           73          15      0.00000552
Elementary=1           38          39
```

　Fisherの正確検定のP値は0.0000055と非常に小さな値であり、偶然に生じ
た差であるとは考えにくいです（統計学的に有意な差があると考えられます）。

　ただ、**相関関係**が見られたとしても、それは**必ずしも因果関係があることを
意味しません。**AとBに有意な相関があるからといって、AがBの原因である
とはいえないのです。

えぇ〜！　せっかく相関関係が確認できても、因果関係があるとは限らないの？　それって一体、どーゆーこと？

　例えば「毎日しっかりと朝ご飯を食べている人には、癌〈がん〉が少ない」という相関関係が見られたとしても、「朝ご飯をしっかり食べれば、癌の発生を抑制できる」とはいえません。なぜなら「毎日しっかりと朝ご飯を食べる」ような人は喫煙率が低かったり、他の健康にも気をつかっていたりする人が多いという背景が潜んでいて、実際にはそのような他の生活習慣が癌の発生率に影響している可能性があるからです。

　また、「ライターを持ち歩いていること」と「肺癌の発生」にも相関関係が見られることが予想されますが、ライターが肺癌の発生の原因ではなく、「喫煙」が肺癌の発生の原因であることは明らかですよね。

　このように、ＡとＢの関係を見るときに、その他の**因子**〈いんし〉（原因となる要素）であるＣがＡとも相関していて、かつＢとも相関していると、ＡとＢにあたかも直接の因果関係があるかのように惑わせることがあります。このような現象を**交絡**〈こうらく〉といいます。

　ＡとＢの関係について、交絡因子の影響を調節して解析するような場合にも、**多変量解析**が有用です。

おおう。ライターと肺癌と喫煙の例えが、わかりやすかったです。
私、思い込みが激しいので、そういう勘違いをしてしまいそう…。

なるほどね〜。「朝ご飯を食べる方が痩せる」って聞いたことあるけど、これもやっぱり、そういう人は運動したり食事内容にも気をつかってるってことだと思うわ。相関関係と因果関係は、別ってことね！

そんなわけで、最終的には**多変量解析**を行っていくことになります。
前回もお話したように（P.95）、**複数の原因から１つの結果を推測する解析**のことでしたね。

POINT

Fisherの正確検定：
独立した2群の比率の比較

■「2群の比率に差はない」という**帰無仮説**を検定する。

■ 極端に大きなサンプルを扱う場合などで Fisher の正確検定を
　実施できない場合は、**カイ2乗検定**を用いる。

■ 2群の値に対応がある場合（ある試験の合格点に到達したか
　どうかについて、教育の前後で比較するような場合）は
　McNemar 検定を用いる。

 私、名探偵桃子が「同居家族に小学生以下の子供がいるかどうか」が影響しそう！ って予想して、それだけ考えてきたけど。
アンケートは他にも**いろんな要素**があるのよね〜。うーん…。

Purchaser
購入したか

Elementary
子供

- Age
  年齢
- Sex
  性別
- Frequency 来店頻度
- Breakfast
  朝食
- Type
  パンの好み
- Area
  出身地

 ご安心ください。すべての要素について、検証していきますよー！

　他のアンケートの要素についても新製品の購入との関係を調べて、多変量解析を行います。

　まず、**「各要素」**と**「新製品の購入」**の関係をひととおり見てみましょう。

　Sex（性別）、Frequency（来店頻度）などの**カテゴリー変数**は、Elementary（子供の有無）と同様の方法で、次ページのように、一気にまとめて解析できます。

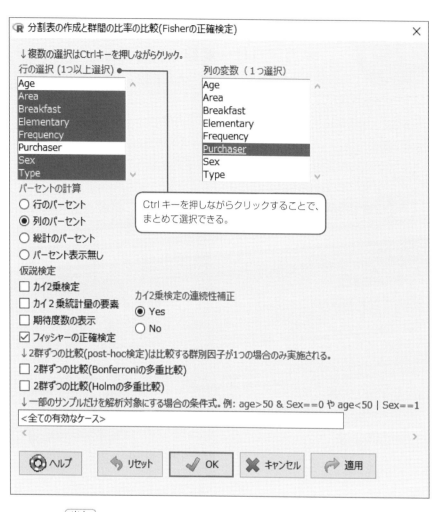

ええっと、P 値が小さいかどうかで判断できるんだから…。
つまり、Elementary（子供）以外にも、Breakfast（朝食）と
Frequency（来店頻度）と Type（パンの好み）が、統計学的に有意な
差があると考えられますね…！

　こうして、他にも「朝食、来店頻度、パンの好み」が新製品の購入と有意に
関係していることがわかりました。
　なお、Area（出身地）の P 値は、Kansai、Kanto、Kyushu、Northern の
4 つの群があるので、その 4 群の中で、Kansai 対 Kanto、Kansai 対 Kyushu、
Kansai 対 Northern、Kanto 対 Kyushu、Kanto 対 Northern、Kyushu 対
Northern の 6 組の比較が可能ですが、これらのすべての検定を行って P 値を
計算すると、偶然に P 値が 0.05 未満となってしまう危険性が高くなります。
この問題を**多重比較の問題**といいます。
　そこで、ここでは「4 群のすべてに差がない」という帰無仮説に対する検定
だけを行っています。もし、個々の組み合わせの比較を行いたいのであれば、
Bonferroni 法や Holm 法などを用いて、多重比較について補正した検定が必要
です。EZR では検定を行う際のオプション指定で実行できますが、本書では
詳細は省略します。

　さて一方、Age（年齢）は**連続変数**なので、**ヒストグラム** 🖱 **グラフと表 →
ヒストグラム** で分布を見てみましょう（次ページに掲載しています）。
　おおよそ正規分布に沿っているようなので、購入者と非購入者で、**t 検定**
🖱 **統計解析 → 連続変数の解析 → 2 群間の平均値の比較（t 検定）** で比較し
てみます。

 うーん。年齢は「新商品のパンを購入するかどうか」に、影響してるの
かな〜？ どうだろ。ちょっとドキドキするわね。

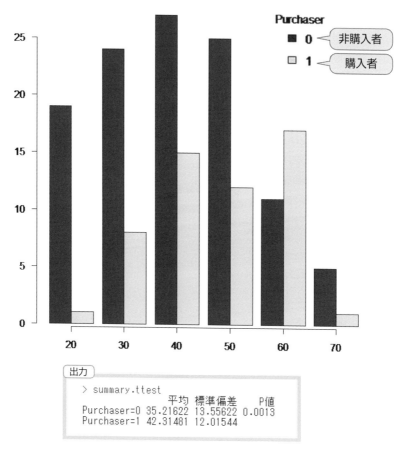

```
出力

> summary.ttest
              平均    標準偏差      P値
Purchaser=0 35.21622 13.55622 0.0013
Purchaser=1 42.31481 12.01544
```

　P値は0.0013で、購入者の方が有意に年齢が高いということがわかりました。

　では、いよいよ多変量解析を行います。前回の家賃の計算のときと同じように、**複数の要素から、結果（ここでは新製品を買うかどうか）を予測するモデル式**を求めることになります。

これも【原因】と【結果】のイメージですね。
因子（原因となる要素）は、「来店頻度」や「パンの好み」など…。
結果は、「購入するかどうか」ってわけかぁ。

家賃のときは、結果が連続変数なので、重回帰を用いました。

しかし今回は、結果が新製品を買ったかどうかの**カテゴリー変数（Yes か No かの二値変数）**なので、**ロジスティック回帰**を使用します。

 家賃のときは、「家賃の金額」という「値」を求めていましたね。
しかし今回は、「購入するかどうか」という**「確率」**を求めるのです！
ちなみに後で、**オッズ**という言葉が出てきますが、オッズは確率をもとにしています。
ではロジスティック回帰を行うために、準備をしていきましょう。

結果を表す目的変数（従属変数）は Purchaser（購入したかどうか）を指定します。**原因を表す説明変数（独立変数）**は名義変数でも連続変数でも構いませんが、Area（出身地）は 4 値以上のカテゴリー変数なので、ダミー変数が必要になります。今回は EZR の自動作成機能に任せます。

また、連続変数の Age（年齢）については、値の変化が目的変数に対して**常に一定の影響**を及ぼすという前提が必要です。そのため、年齢が高いほど購入率は高い（または低い）という場合は問題ありませんが、例えば 40 歳くらいで最も購入確率が高くて、それより上の年齢も下の年齢も購入確率が低下する、というような場合には、この方法は適しません。

そこで、年齢をいくつかの区間に分けて新製品の購入率を計算することで、年齢の影響がおおよそ一定であるかどうかを見てみます。EZR で連続変数をいくつかの区間に分ける方法は、 **アクティブデータセット → 変数の操作 → 連続変数を区間で区分する（閾値は自動設定）** で、区間の数を指定して自動的に区分させる方法と、 **アクティブデータセット → 変数の操作 → 連続変数を指定した閾値で 2 群に分けた新しい変数（あるいは 3 群以上に分けた変数）を作成する** で、指定した閾値で区分する方法があります。

ここでは、 **アクティブデータセット → 変数の操作 → 連続変数を区間で区分する（閾値は自動設定）** を使って、各区間の人数が均等になるように自動的に年齢を 5 つの区間に分けてみます。

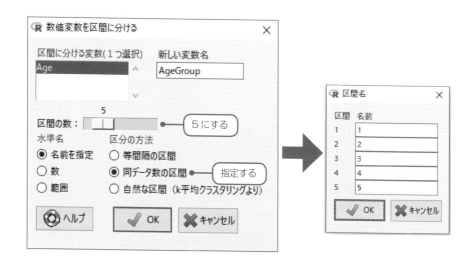

そして、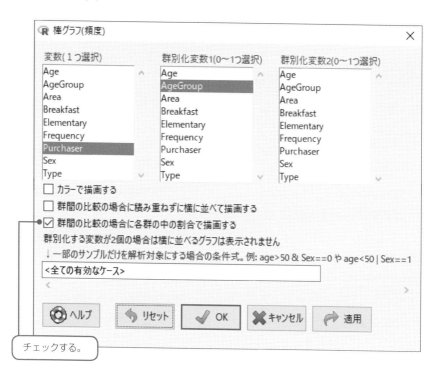**グラフと表** → **棒グラフ（頻度）** で各区間の購入率を棒グラフで眺めてみます。

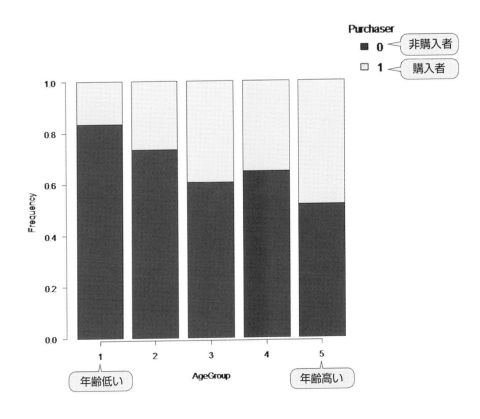

すると、年齢が高くなるほど購入率が上昇するという傾向が見てとれます。

　この傾向は統計学的に有意な傾向であることが、 **統計解析 → 名義変数の解析 → 比率の傾向の検定（Cochran-Armitage 検定）** でわかりますが、本書では省略します。

　これで連続変数の Age（年齢）について、必要な前提条件はクリアしたってわけね。

　じゃあいよいよ、そのロジスティック回帰ってのをやってみましょ〜！

では、実際に**ロジスティック回帰**を行ってみましょう。

構築されたモデル式が有用なものかどうかは、独立変数を 1 つも含まないモデルとの**尤度比検定**で評価します。この検定の帰無仮説は、「このモデル式は独立変数を 1 つも含まないモデルと同じである」です。この帰無仮説が棄却されたら、「それぞれの独立変数について、回帰係数が 0 である」という帰無仮説に対する検定を行います。

🖱 統計解析 → 名義変数の解析 → 二値変数に対する多変量解析 (ロジスティック回帰)

目的（従属）変数に新製品を買ったかどうかを示す Purchaser を指定し、独立変数は他の要素をそれぞれダブルクリックして指定していきます（ただし、AgeGroup が表示されている場合、それは、P.127 の棒グラフを表すために作成した変数なので、ここでは選択しないように注意してください）。

モデルに入れることができる説明変数（独立変数）の数は、ロジスティック回帰では従属変数の 2 つの値のそれぞれの数のうち、小さい方を 10 で割った値が目安になります。今回は非購入者が 111 人、購入者が 54 人であることから、54 を 10 で割って、5〜6 個が目安となりますが、7 個は許容範囲とします。

もし、独立変数の数を減らすのであれば、理論的に関係がなさそうなものは外し、さらに、単変量解析でまったく相関が見られなかったもの（例えば、P 値が 0.20 以上のものなど）を除外することが考えられます。

また、モデルの当てはまりの良さを示す AIC（赤池情報量規準）や BIC（ベイズ情報量規準）、あるいは解析結果の P 値によって独立変数をしぼりこむオプションを指定することも可能です。

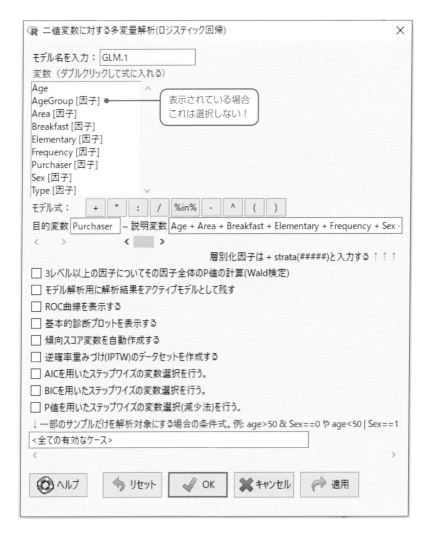

 をクリックすると、次ページのように解析結果が表示されます。解析結果はズラズラと文字がいっぱいで戸惑うかもしれませんが、丁寧に見ていきましょう。

```
> summary(GLM.1)

Call:
glm(formula = Purchaser ~ Age + Area + Breakfast + Elementary +
    Frequency + Sex + Type, family = binomial(logit), data = Data)

Deviance Residuals:
    Min      1Q   Median      3Q     Max
-2.3558  -0.5969  -0.2674   0.5595   2.4915
```

回帰係数の推定値

回帰係数の標準誤差

それぞれの独立変数の回帰係数が 0 であるという帰無仮説に対する P 値

```
Coefficients:
                 Estimate Std. Error z value  Pr(>|z|)
(Intercept)      -5.91469    1.09891  -5.382 0.0000000735 ***
Age               0.04519    0.01750   2.583     0.009788 **
Area[T.Kanto]    -0.22105    0.51357  -0.430     0.666896
Area[T.Kyushu]   -0.29399    0.82916  -0.355     0.722913
Area[T.Northern] -0.76971    0.81137  -0.949     0.342798
Breakfast[T.1]    2.09958    0.47246   4.444 0.0000088317 ***
Elementary[T.1]   1.66346    0.46706   3.562     0.000369 ***
Frequency[T.1]    1.13455    0.47790   2.374     0.017594 *
Sex[T.1]          0.35198    0.49671   0.709     0.478566
Type[T.1]         1.88419    0.48591   3.878     0.000105 ***
---
Signif. codes:  0 '***' 0.001 '**' 0.01 '*' 0.05 '.' 0.1 ' ' 1

(Dispersion parameter for binomial family taken to be 1)

    Null deviance: 208.64  on 164  degrees of freedom
Residual deviance: 128.58  on 155  degrees of freedom
AIC: 148.58

Number of Fisher Scoring iterations: 5
```

AIC はモデルの当てはまりの良さを示す相対的な指標。

```
> anova(GLM.1, GLM.null, test="Chisq")
Analysis of Deviance Table

Model 1: Purchaser ~ Age + Area + Breakfast + Elementary + Frequency +
    Sex + Type
Model 2: Purchaser ~ 1
  Resid. Df Resid. Dev Df Deviance  Pr(>Chi)
1       155     128.59
2       164     208.64 -9  -80.051 1.579e-13 ***
---
Signif. codes:  0 '***' 0.001 '**' 0.01 '*' 0.05 '.' 0.1 ' ' 1
```

尤度比検定の P 値。1.58×10^{-13} と非常に小さい値なので、このモデルは有用であることがわかる。

```
> vif(GLM.1)
               GVIF Df GVIF^(1/(2*Df))
Age        1.065424  1        1.032194
Area       1.186133  3        1.028858
Breakfast  1.113165  1        1.055066
Elementary 1.088058  1        1.043100
Frequency  1.074908  1        1.036778
Sex        1.064062  1        1.031534
Type       1.144105  1        1.069629
```

多重共線性の指標となる分散拡大要因 (VIF) の値。

出力ウィンドウを上にスクロールすると詳細な解析結果が表示されています。内容はかなり専門的になるので解説は割愛しますが、vif と書かれているところに分散拡大要因（VIF）の値が表示されています（P.101）。今回はどの変数も VIF が 1〜1.5 程度で問題はありません。

　また、モデル全体の有用性を評価するための、独立変数を 1 つも含まないモデルと比較する尤度比検定は P 値が非常に小さい値（1.58×10^{-13}）なので、モデルが有用であることがわかります。

 さらに下図のように**「オッズ比」**というものが表示されています。
このオッズ比が、特に大事な部分です！

> 左から順に、オッズ比、オッズ比の 95% 信頼区間の下限、上限、P 値。
> Area のところの [T.Kanto]、[T.Kyushu]、[T.Northern] はそれぞれ、[T.Kansai] に対するオッズ比、その他の変数の [T.1] のところは [T.0] に対するオッズ比を表す。

出力

```
> odds
                  オッズ比  95%信頼区間下限  95%信頼区間上限         P値
(Intercept)       0.0027       0.000313        0.0233  0.0000000735
Age               1.0500       1.010000        1.0800  0.0097900000
Area[T.Kanto]     0.8020       0.293000        2.1900  0.6670000000
Area[T.Kyushu]    0.7450       0.147000        3.7900  0.7230000000
Area[T.Northern]  0.4630       0.094400        2.2700  0.3430000000
Breakfast[T.1]    8.1600       3.230000       20.6000  0.0000088300
Elementary[T.1]   5.2800       2.110000       13.2000  0.0003690000
Frequency[T.1]    3.1100       1.220000        7.9300  0.0176000000
Sex[T.1]          1.4200       0.537000        3.7600  0.4790000000
Type[T.1]         6.5800       2.540000       17.1000  0.0001050000
```

　一つひとつの要素の影響を > odds の下の表から読み取っていきましょう。各要素の新製品購入に対するオッズ比、95% 信頼区間、P 値が示されています。オッズ比はやや理解しにくい用語ですが、まず、オッズというのは**「ある出来事が生じる確率を、その出来事が生じない確率で割った値」**です。そして、オッズ比は**「オッズを比較した比」**を示します。

　したがって、オッズ比が 1 であれば、ある出来事の発生頻度に差がないということになります（P.136 コラム「オッズ、オッズ比と確率、相対危険度」を参照）。

　また、**オッズ比の値が大きければ、発生頻度が高い**（購入確率が高い）ということになるのです。

そして 95% 信頼区間というのは、「母集団から 100 回サンプルを抽出して信頼区間を計算したら、95 回は母集団の真の値を含んでいる」という区間です。

したがって、**オッズ比の 95% 信頼区間（下限と上限の間）が 1（差がない値）を含んでいなければ、有意に差がある**（検定での P 値が 0.05 未満と同じ）といえます。

このように、2 群に有意な差があるかどうかの比較は、検定を用いる方法と、差や比の 95% 信頼区間を用いる方法の 2 つの方法が可能です。

 つまり、オッズ比が大きくて、そして有意であればいいんですね。
そういう因子が「新製品を買うかどうか？」に影響してるのかぁ。
それでは、さっきの odds の表をもう一度見てみます！

出力

```
> odds
                   オッズ比  95%信頼区間下限  95%信頼区間上限        P値
(Intercept)        0.0027    0.000313          0.0233  0.0000000735
Age                1.0500    1.010000          1.0800  0.0097900000
Area[T.Kanto]      0.8020    0.293000          2.1900  0.6670000000
Area[T.Kyushu]     0.7450    0.147000          3.7900  0.7230000000
Area[T.Northern]   0.4630    0.094400          2.2700  0.3430000000
Breakfast[T.1]     8.1600    3.230000         20.6000  0.0000088300
Elementary[T.1]    5.2800    2.110000         13.2000  0.0003690000
Frequency[T.1]     3.1100    1.220000          7.9300  0.0176000000
Sex[T.1]           1.4200    0.537000          3.7600  0.4790000000
Type[T.1]          6.5800    2.540000         17.1000  0.0001050000
```

要素は上からアルファベット順で並べられています。連続変数である Age（年齢）とダミー変数を含む Area（出身地）は飛ばして、わかりやすい二値変数である Breakfast（朝食）から見てみましょう。いずれも、値が 1 である群の、0 である群に対するオッズ比で示しています。

Breakfast はオッズ比が 8.16 で、その 95% 信頼区間は 3.23 〜 20.6 と、範囲に 1 が含まれていないので、有意な影響があるといえます。実際、P 値は非常に小さい値となっていますね。

同様に、Frequency（来店頻度）や Type（パンの好み）も、それぞれオッズ比が 3.11、6.58 で、いずれも P 値が 0.05 未満と有意な結果となっています。

一方、Sex（性別）についてはオッズ比 1.42 で、95% 信頼区間は 0.54 〜 3.76 と 1 を含んでおり、有意な影響は見られません（P 値も 0.48 と、0.05 以上ですね）。

Area（出身地）は、北海道・東北なら Northern、関東・中部なら Kanto、近畿・中国・四国なら Kansai、九州沖縄なら Kyushu と、**4 つの値をとるカテゴリー変数なので、ダミー変数での解析**が必要となります。

EZR では自動的にダミー変数が作成されますが、その場合にはアルファベット順で最も早い値が参照値として設定されるため、Kansai が参照値となり、それぞれ Kanto と Kansai の比較が [T.Kanto] として、Kyushu と Kansai の比較が [T.Kyushu] として、Northern と Kansai の比較が [T.Northern] として表示されます。例えば、関東と関西の比較はオッズ比が 0.80、95％信頼区間が 0.29 〜2.19、P 値が 0.67 で有意ではないとわかります。

なお、P.123 でも触れましたが、出身地だけで 3 回の検定が行われることになるので、多重比較の問題が生じます。その場合は、ロジスティック回帰のオプションで「3 レベル以上の因子についてその因子全体の P 値の計算（Wald 検定）」にチェックを入れておくと、すべての出身地に差がない、という帰無仮説に対する検定（Wald 検定）の結果が表示されます。今回は Wald 検定の P 値は 0.81 であり、出身地の影響は乏しいということがわかります。

```
出力

> waldtest(GLM.1)
因子全体のP値 Area : 0.8135457
```

Age（年齢）は連続変数なのでオッズ比のイメージがわかりにくいですが、これは年齢が 1 歳増えるごとのオッズ比を示しています。つまり、21 歳と 20 歳の比較のオッズ比が 1.05、31 歳と 30 歳の比較のオッズ比も 1.05、41 歳と 40 歳の比較のオッズ比も 1.05 ということです。1 歳区切りなのでオッズ比は 1 に近い値になりますが、95％ 信頼区間が 1.01 〜 1.08、P 値が 0.0098 で有意な相関が見られます。

以上の結果から、新製品の購入に対して有意に影響する因子は、**年齢、朝食がご飯かパンか、同居家族に小学生以下の子供がいるかどうか、来店頻度が週に 1 回未満か 1 回以上か、食パンと菓子パンのどちらが好きか**、であることがわかりました。

ついに答えが出たわ！ 年齢が高くて、朝食がパンで、小学生以下の子供と暮らしてて、毎週お店に来て、菓子パン好きのお客さん…。こういう人が、新製品のパンを買ってくれたってことね〜！

POINT

ロジスティック回帰分析： カテゴリー変数（二値変数）に対する回帰分析

■ 原因を表す独立変数は、**連続変数**でも**カテゴリー変数**でも良い。ただし、連続変数の場合は、その値の変化が結果に対して及ぼす影響が常に一定である（例えば、20歳と21歳の違いは50歳と51歳の違いと同じ）という前提が必要となる。

■ それぞれの独立変数の間に**多重共線性**がないことを確認する。

■ モデル全体の有用性は、**尤度比検定**で独立変数を1つも含まないモデルと比較した結果で評価し、その後、それぞれの独立変数について「その回帰係数が0である」という帰無仮説に対する検定を行う。

ダミー変数とは

ダミー変数とは、もともとは数値ではないデータを0と1を用いて設定した変数のことです。

さて、多変量解析の独立変数に**カテゴリー変数**を用いるときは注意が必要です。家賃の計算では、アパートかマンションかのデータと日当たりのデータがカテゴリー変数でしたが、いずれも2つの値（アパートとマンション、日当たり良好とそれ以外）だけのデータだったので、単純に0と1とすることで問題ありませんでした。

しかし、例えば、「和室、フローリング、カーペット」のように3つの値がある変数だとすると、これらを「0, 1, 2」として扱うことはできません。もし、「0, 1, 2」として扱ってしまうと、和室、フローリング、カーペットに0、1、2という順序をつけて、フローリングと和室の違いがカーペットとフローリングの違いと同じであるという前提での解析が行われてしまいます。そこで、このような場合は、**3つのうちのどれかを基本の値 (reference) として、他の値それぞれと基本の値との比較**を行います。和室を基本とするなら、フローリングと和室、カーペットと和室の比較となります。フローリングなら1、フローリング以外なら0となる変数と、カーペットなら1、カーペット以外なら0となる変数を作成して、両方を独立変数として組み込めばよいのです。

実際には EZR ではカテゴリー変数を数字ではなく文字で入力しておくと、多くの解析で自動的にダミー変数が作成されます。自動作成の場合は、アルファベット順で最も早い値が reference とされます。

ダミー変数を自分で作成する場合は、🖱 **アクティブデータセット → 変数の操作 → ダミー変数を作成する** で作成し、このうち、基本の値とするダミー変数を除いて、それ以外のダミー変数すべてを多変量解析に投入します。

オッズ、オッズ比と確率、相対危険度

オッズとは、「ある事象が生じる確率」を、「その事象が生じない確率」で割った値です。例えば、20回のうちに1回だけ生じた出来事であれば、その出来事が生じる**確率**は $\dfrac{1}{20}$ で0.05ですが、オッズは $\dfrac{0.05}{1-0.05}$ で0.053になります。このように事象が生じる確率が低い場合は、オッズは確率に近い値になるのです。一方、20回中10回生じた出来事だと、確率は0.5ですがオッズは1.0と、大きく異なる値になります。

ロジスティック回帰のところで出てきた**オッズ比**は、2群のオッズの比率ということになります。ある事象がA群で20回に1回、B群で30回に3回生じたとしたら、オッズ比はA群のオッズとB群のオッズの比なので

$$\dfrac{\dfrac{0.05}{1-0.05}}{\dfrac{0.1}{1-0.1}}$$ で、0.47となります。

なお、疫学の分野では、2群の確率の比率として**相対危険度**という指標が定義できます。この場合の相対危険度は、A群の確率とB群の確率の比なので

$\dfrac{0.05}{0.1}$ で0.5となります。

相対危険度は、相対リスクやリスク比ともいい、病気などの頻度を比率で示しています。例えば、インフルエンザの予防接種を受けた100人と受けなかった100人を比較して、受けた人は6人、受けなかった人は11人がインフルエンザを発症したとすると、発症率はそれぞれ6%と11%で、予防接種を受けた人の相対危険度は $\dfrac{6\%}{11\%}$ で0.55となります（発症が45%減少する）。ちなみに、発症率の差は寄与危険度と呼ばれ、ここでは11% − 6% ＝ 5%となります。ワクチンによって発症率が5%低下するので、20人にワクチンを接種すると、発症者を1人減らすことができるという計算になります。

▲▼ 学習後のあれこれ ▲▼

 おかげさまで、今日もいろいろわかったわ！ 嬉しいな～。

 …あの、お客様。宜しければコーヒーのお代わりはいかがですか？

 あっ、ありがとう！ 竹橋さん！

 皆さま、桃子さんのお友達の方なんですね。どうぞごゆっくり。
それでは失礼致します。

 へー。なんだかすごくカッコイイね、モモちゃんのバイト仲間の人…。

 うんうんっ、そうなの～！ 竹橋さんはパン職人を目指しててね、真面目な頑張り屋さんで、それでいてクールで…！ 憧れっていうか、実は密かに……片思い中なんだよね～。えへへ。

 わー、そうなんだ！ 恋してるんだねぇ、モモちゃん。
（ていうか、海樹くんが落ち込んでるーーー！！??）

 （…そうだ。海樹くんは、モモちゃんに一目惚れしてたんだっけ。突然失恋しちゃった感じで、そりゃ落ち込むよね…。
励ましたいけど、私にできることなんて……あるのかなぁ…）

137

第5章

SNS？ 友人の紹介？
長続きするのはどんなカップル？
～生存解析～

5-1 ある出来事が起こるまでの時間はどうやって解析するの？

～生存解析～

 久しぶり〜。この喫茶店は落ち着くねえ、すっかり常連って感じ。
それで今日は、奈央の大学のレポートの相談なんだよね。

 う、うんっ！ そ、そうなんだ…。あ、あの、えっとー…。

 奈央さん、体調は大丈夫ですか？ なんだか顔が赤くて、汗もかいているような…。

 だ、大丈夫です！（せっかくいろいろ準備してきたんだし、頑張れ私…！）
あの、今日ご相談したいのは、**「カップル継続期間」**についてです。

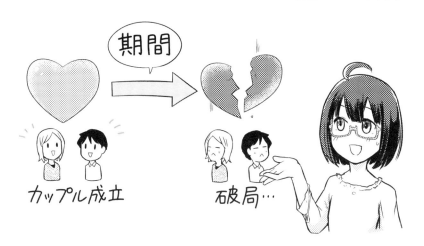

 世の中にはいろんなカップルがいますが、いつか破局したりもします。
一体どんなカップルなら長続きするのか？ を調べたいんです。
こ、これは大学の課題で…。データはすでに私が集めてきました！

 へ〜！ なんだかすっごく面白そう。私も知りたいわ！

ではさっそくデータを見せてください。一緒に考えていきましょう。

```
R Dataset                                    —    □    ×
    Age Distance Relationship Timing Event DaysToEvent
1    1     1          1         0     1        584
2    0     0          0         0     1       1578
3    0     0          1         0     1        201
4    1     1          2         0     1       1242
5    0     0          0         1     0       1590
6    1     1          3         0     1         30
7    1     1          3         0     1         14
8    0     0          1         1     0       1547
9    0     0          2         0     0       1564
10   1     0          2         0     1         15
11   0     1          0         1     0       1362
12   1     1          1         0     1        625
13   0     0          3         0     0       1428
14   0     0          0         0     0       1371
15   0     0          0         1     0       1315
16   0     0          2         0     0       1350
17   1     0          1         0     0       1365
18   0     0          0         0     1        479
19   0     0          0         0     1       1303
20   0     1          0         0     1        847
21   1     0          2         0     1       1288
22   0     0          1         0     1       1275
23   0     1          2         0     1        781
24   1     0          1         0     1        539
25   1     0          0         0     0       1246
26   0     0          3         0     1        517
27   1     0          0         1     1       1181
28   1     0          1         0     1        577
29   0     0          0         0     1         95
30   1     1          0         0     0       1106
31   0     0          0         0     1       1083
32   0     0          2         1     1       1077
33   0     0          0         1     0       1010
```

▲データファイル：カップル.rda

　Age は 2 人の年齢差（年齢差 5 歳未満は 0、5 歳以上は 1）、Distance は 2 人の自宅の時間的距離（2 時間以上の遠距離は 1、遠距離でなければ 0）、Relationship は 2 人の関係（もともとの友人は 0、大学の同級生・バイトの同僚は 1、知人の紹介は 2、SNS は 3）、Timing はカップル成立時の状況（失恋直後は 1、それ以外は 0）、Event は破局イベントの有無（破局していたら 1、していなければ 0）、DaysToEvent はカップル継続期間の日数（破局した場合は破局までの日数、破局していなければ現在までの日数）です。

データの種類として、これまでは連続変数とカテゴリー変数に分類してきました。しかし、その他に特殊な変数として医療の分野でしばしば扱われる**生存期間のデータ**というものがあります。

　正確にいうと、必ずしも生存期間だけを対象とするわけではなく、一般に**「ある時点からある出来事（イベント）が発生するまで」の期間のデータ**を扱うものです。

　死亡がイベントとして定義された場合には、まさに生存期間の解析が行われることになりますが、イベントを治療効果の出現や副作用の出現というように定義することもあります。医療を離れた設定として、例えば、街に新しくできたお店について考えることもあります。その場合、開店日を起点に、閉店をイベントとして扱って、閉店までの期間を解析することもできるのです。

　　へぇ～！いろんな出来事（イベント）について、考えられるのね。
　　ある時点から、イベント発生までの期間かぁ。
　　あっ、これってカップルの問題に例えると「付き合い始めてから、破局するまで」ということね！

　実際に扱うのはイベント発生までの期間なので、連続変数として扱うことも可能ですが、連続変数として扱うと、解析する段階でまだイベントが発生していないサンプルの期間をどうするかで困ってしまいます。なぜなら、イベントが発生していないサンプルは、今後さらに期間が延長されることが期待できるからです。

生存期間解析の特徴は、このようなサンプルを**「観察打ち切り」サンプル**として　うまく扱うことができるということです。

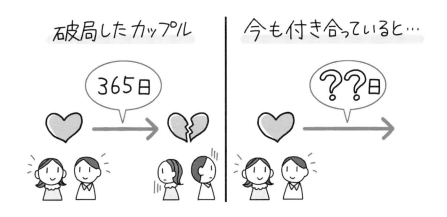

　そっか。今付き合ってるカップルは、「結局どのくらい長続きするのか」わからないですもんね。そんなサンプルも扱えるなんて、とても便利そうです…！

　前章までは、カテゴリー変数を比率や棒グラフや円グラフで要約し、連続変数を平均値や中央値やヒストグラムなどで要約しましたね。このように、まずは**生存期間のデータを要約**してみましょう。

　生存期間を数値で要約する場合は、生存期間の中央値や、ある時点における生存率などを用います。そしてグラフで視覚的に示す場合には、**Kaplan-Meier 曲線（生存曲線）**を用います。Kaplan-Meier 曲線は観察打ち切りサンプルをうまく計算に組み込んだグラフです。

　Kaplan-Meier 曲線（生存曲線）のグラフは、次のページに載っています。どうぞご覧ください。

Kaplan-Meier 法による生存率の計算は、イベントが発生するごとに、

$$\frac{(その直後にイベントが発生していないサンプル数)}{(その直前にイベントが発生していなかったサンプル数)} \times (イベント発生直前の生存率)$$

で計算されます。したがって、そのイベントの発生前に打ち切りとなったサンプルは分母から除外されます。

すなわち、打ち切りの時点では生存曲線は下降しませんが、次のイベント発生の時点で分母が小さくなるため、曲線の下降の深さが大きくなります。このようにして、打ち切りサンプルが考慮されているのです。

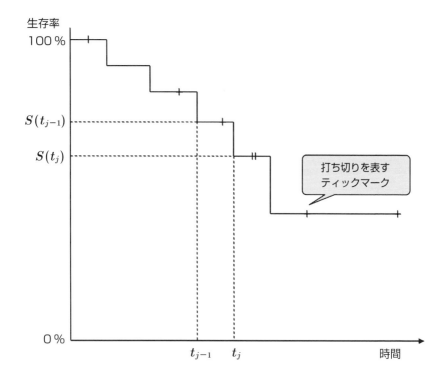

▲Kaplan-Meier 曲線の描き方。時間 t の時点での生存率を $S(t)$ とすると、$S(t_j) = S(t_{j-1}) \times (1 - q_j)$ で計算される。ただし、$S(t_{j-1})$ はその 1 つ前のイベントが発生した時点の生存率、q_j は t_j の時点で死亡した数を t_j の直前まで生存した数で割った値。打ち切りサンプルはティックマークと呼ばれる小さな縦棒などで表す。

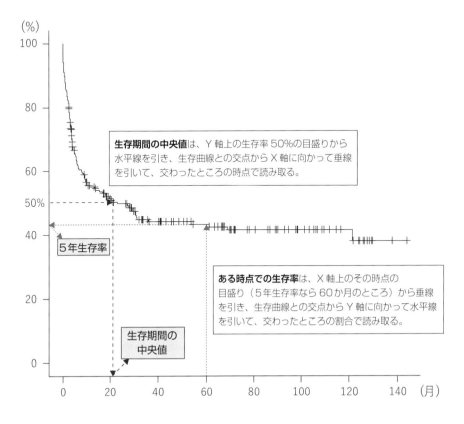

生存曲線との交点から X 軸（横軸）に垂線を引くことによって読み取ることが

生存期間の中央値は、Y 軸（縦軸）の生存率 50% の目盛りから水平線を引き、
生存曲線との交点から X 軸（横軸）に垂線を引くことによって読み取ることが
できます。50% 生存のところで生存曲線が水平の場合には、その範囲の最初
と最後の値の平均値を中央値とします。

　また、**ある時点での生存率**は、X 軸（横軸）上のその時点の目盛りから垂線
を引き、生存曲線との交点から Y 軸（縦軸）まで水平線を引くことによって読
み取ることができます。

 ガクガクと階段みたいに下がって、それを曲線として見るのね。
Kaplan-Meier 曲線（生存曲線）のグラフの見方も、よくわかったわ！

それでは、先ほどのカップルのデータを解析してみましょう。

EZR では 🖱 **統計解析 → 生存期間の解析 → 生存曲線の記述と群間の比較 (Logrank 検定)** で実行します。

生存曲線の記述と群間の比較(Logrank検定)   ×

観察期間の変数(1つ選択)　　イベント(1)、打ち切り(0)の変数(1つ選択)
Age　　　　　　　　　　　　　Age
DaysToEvent　　　　　　　　　DaysToEvent　　　　　　┌─────────────────┐
Distance　　　　　　　　　　　Distance　　　　　　　　│ 観察期間を示す変数を指定 │
Event　　　　　　　　　　　　Event　　　　　　　　　└─────────────────┘
Relationship　　　　　　　　　Relationship
Timing　　　　　　　　　　　　Timing　　　　　　　　┌─────────────┐
　　　　　　　　　　　　　　　　　　　　　　　　　　│ イベント発生の有無 │
↓複数の選択はCtrlキーを押しながらクリック。　　　　│ を示す変数を指定 │
群別する変数を選択(0〜複数選択可)　層化変数(0〜1つ選択)　└─────────────┘
Age　　　　　　　　　　　　　Age
DaysToEvent　　　　　　　　　DaysToEvent
Distance　　　　　　　　　　　Distance
Event　　　　　　　　　　　　Event
Relationship　　　　　　　　　Relationship
Timing　　　　　　　　　　　　Timing

方法　　　　　　異なる線の区別　凡例の書式　　　　X軸の単位　　　　Post-hoc検定
　　　　　　　　　　　　　　　　　　　　　　　　　● そのまま　　　　(比較する群が1つの場合)
● logrank　　　● 色分け　　　● 右上・縦並び　　○ 日を月に変換　　● No
○ Peto-Peto-Wilcoxon　○ 線種　　　○ 下部・横並び　　○ 日を年に変換　　○ Bonferroni
　　　　　　　　○ 線の太さ　　○ マウス指定・縦並び　○ 月を年に変換　　○ Holm

オプション
☑ 打ち切りをマークで表示する　□ 95%信頼区間を表示する　□ 異なる層毎に別の図に表示する　☑ At riskのサンプル数を表示する　□ Y軸をパーセント表示にする
生存率を表示するポイント(観察期間の単位が日で1年生存率なら365)　<none>
X軸の範囲(左端,右端) 例: 0, 365 <auto>　　　　Y軸の範囲(下端,上端) 例: 0.8, 1.0 <auto>
X軸のラベル <auto>　　　　　　　　　　　　Y軸のラベル <auto>
↓一部のサンプルだけを解析対象にする場合の条件式。例: age>50 & Sex==0 や age<50 | Sex==1
<全ての有効なケース>

⊙ ヘルプ　　⟲ リセット　　✓ OK　　✗ キャンセル　　➦ 適用

┌─────────────────────────────┐
│ ここに生存率を表示するポイントを指定しておくと │
│ その時点での生存率と 95%信頼区間が表示される。 │
└─────────────────────────────┘

　すると、次ページのように Kaplan-Meier 曲線が表示されるとともに、出力ウィンドウには「各時点での生存率」と、その「95%信頼区間」の表が示され、さらに最後にサマリーとして「サンプル数、生存期間の中央値、その 95%信頼区間」が表示されます。

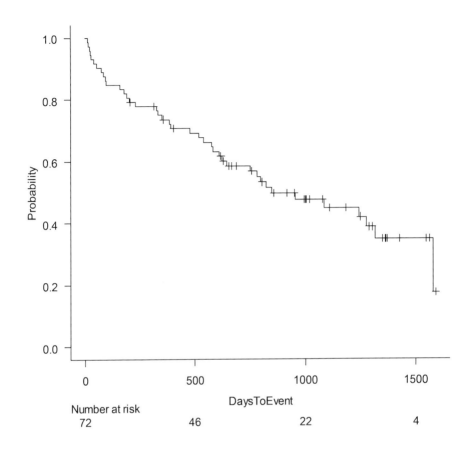

 上のグラフが、Kaplan-Meier 曲線（生存曲線）ですね。
横軸の「DaysToEvent」は、破局まで（カップル継続期間）の日数。
そして「Number at risk」は、リスクに晒されている数…。この場合は、
それぞれの時点での破局前のカップルのサンプル数なんですね。

 時間が経てば経つほど、破局（イベント）が起きて、カップル継続率も
減っていくのね。1500 日後（約 4 年後）に継続しているカップルは、
たったの 35 ％だなんて。ありゃりゃ～。

下の表を見てください。左から順に、「time」は時点、「n.risk」はその時点での観察対象サンプル数、「n.event」はその時点でイベントを生じたサンプル数、「survival」は生存率、「std.err」は生存率の標準誤差、「lower 95% CI」は生存率の95%信頼区間下限、「upper 95% CI」は生存率の95%信頼区間上限となっています。

出力

```
> summary(km)
Call: survfit(formula = Surv((DaysToEvent/1), Event == 1) ~ 1, data = Dataset,
    na.action = na.omit, conf.type = "log-log")

 time n.risk n.event survival std.err lower 95% CI upper 95% CI
   14     72       1    0.986  0.0138       0.9055        0.998
   15     71       1    0.972  0.0194       0.8935        0.993
   22     70       1    0.958  0.0235       0.8764        0.986
   25     69       1    0.944  0.0270       0.8587        0.979
   30     68       1    0.931  0.0300       0.8412        0.970
   42     67       1    0.917  0.0326       0.8239        0.962
   54     66       1    0.903  0.0349       0.8069        0.952
   76     65       1    0.889  0.0370       0.7901        0.943
   84     64       1    0.875  0.0390       0.7736        0.933
   95     63       1    0.861  0.0408       0.7572        0.923
   97     62       1    0.847  0.0424       0.7411        0.912
  160     61       1    0.833  0.0439       0.7252        0.902
  176     60       1    0.819  0.0453       0.7095        0.891
  190     59       1    0.806  0.0466       0.6939        0.880
  201     58       1    0.792  0.0479       0.6784        0.869
  231     56       1    0.778  0.0491       0.6628        0.857
  326     54       1    0.763  0.0502       0.6469        0.846
  331     53       1    0.749  0.0513       0.6312        0.834
  351     52       1    0.734  0.0523       0.6156        0.822
  384     50       1    0.720  0.0533       0.5997        0.809
  391     49       1    0.705  0.0542       0.5840        0.797
  479     47       1    0.690  0.0550       0.5680        0.784
  517     46       1    0.675  0.0559       0.5523        0.771
```

```
> summary.km(survfit=km)
  サンプル数 生存期間中央値 95%信頼区間
1         72            847     613-1315
```

　カップル継続期間（カップルが成立してから破局するまでの期間）の中央値は847日で、その95%信頼区間は613〜1315日でした。

　ダイアログで「生存率を表示するポイント」のオプションに数字を書き込んでおくと、その時点での生存率が表示されます。例えば、1年後、すなわち365と入力すると、1年後にカップルが継続している確率は73.4%で、その95%信頼区間は61.6〜82.2%であることがわかります。

生存解析：
生存期間（＝イベント発生までの時間）の解析

■ 生存解析は、ある時点からある出来事（イベント）が発生するまでの期間の解析であり、必ずしも生存期間の解析でなくてもよいです。

■ 解析時点で観察途中のサンプルは、**観察打ち切り**として扱います。

■ ある時点でのイベント発生率や、イベント発生までの期間の中央値で要約します。
グラフで示す場合は **Kaplan-Meier 曲線（生存曲線）** を用います。

5-2 イベント発生までの時間を比べてみよう！
～2群の生存曲線の比較 (ログランク検定) ～

 さっき、カップル継続期間の中央値は「847日」って結果が出たわね。
2年4か月に満たないぐらいかしら。うーん、リアルね…！

 で、でも、もっとずーっと長続きするカップルもいるはずだよね。
どんなカップルなら長続きする傾向にあるのか、もっと知りたいです。
いろいろな要素のデータがあることだし…！　ぜ、ぜひっ…！

 奈央さんが集めたデータには、この4つの要素がありますね。
では、これらの要素について解析してみましょう！

Age （年齢差）
年齢差5歳未満は0 5歳以上は1

Distance （時間的距離）
2時間以上の遠距離は1 遠距離でなければ0

Relationship （2人の関係）
もともとの友人は0 大学の同級生・バイトの同僚は1 知人の紹介は2 SNSは3

Timing （状況）
失恋直後は1 それ以外は0

ふむふむ

それでは次に、**様々な要素がカップル継続期間に及ぼす影響**を解析してみましょう。

　群間の生存曲線を比較する際には一般化 Wilcoxon 検定や Logrank 検定が用いられますが、一般的には **Logrank 検定**が広く用いられています。早期のイベント発生の差を重視する場合は、**一般化 Wilcoxon 検定**のほうが差を検出しやすいです。

　生存曲線の比較検定の帰無仮説は「2つの生存曲線に差はない」であり、生存期間の中央値や特定の時点での生存率を比較しているわけではありません。

　今回も 🕐 **統計解析 → 生存期間の解析 → 生存曲線の記述と群間の比較 (Logrank 検定)** とします。複数の因子をまとめて解析してみましょう（群別する変数について、Ctrl キーを押しながらクリックして複数の因子を指定します）。

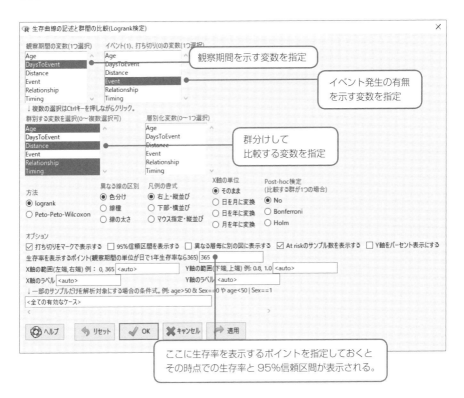

ここに生存率を表示するポイントを指定しておくと
その時点での生存率と 95％信頼区間が表示される。

153

すると、4つの Kaplan-Meier 曲線が表示されるとともに、出力ウィンドウに比較結果が表示されます。

出力ウィンドウをスクロールして上の方をみると、各時点での「それぞれの群のカップル継続率」や、その「95％信頼区間」などが表示されています。

 下のグラフが、Kaplan-Meier 曲線ね〜。2本（Relationship は4本）の**曲線に差**があればあるほど、その**要素の影響が大きい**ということだわ。

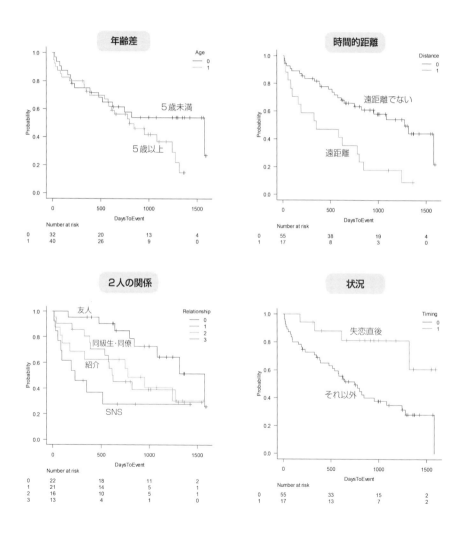

```
> (res <- survdiff(Surv(DaysToEvent,Event==1)~Timing, data=Dataset, rho=0, na.action = na.omit))
Call:
survdiff(formula = Surv(DaysToEvent, Event == 1) ~ Timing, data = Dataset,
    na.action = na.omit, rho = 0)

          N Observed Expected (O-E)^2/E (O-E)^2/V
Timing=0 55       36     28.3      2.11      7.28
Timing=1 17        4     11.7      5.09      7.28

 Chisq= 7.3  on 1 degrees of freedom, p= 0.007
```

各要素ごとの検定結果。
※ Timing 以外については、長くなる
ためここでは省略しています。

```
> km.summary.table <- rbind(km.summary.table, summary.km(survfit=km, survdiff=res, time=365))

> km.summary.table
```

	サンプル数	指定時点の生存率	95%信頼区間	生存期間中央値	95%信頼区間	P値
Age=0	32	0.749	(0.560-0.866)	1578	479-NA	0.133
Age=1	40	0.723	(0.555-0.836)	799	539-1242	
Distance=0	55	0.817	(0.686-0.897)	1275	751-NA	0.000845
Distance=1	17	0.471	(0.230-0.680)	351	84-799	
Relationship=0	22	0.955	(0.719-0.993)	1578	847-NA	0.0124
Relationship=1	21	0.807	(0.563-0.923)	625	391-NA	
Relationship=2	16	0.625	(0.349-0.811)	781	97-NA	
Relationship=3	13	0.369	(0.125-0.620)	231	54-NA	
Timing=0	55	0.690	(0.549-0.794)	751	479-1083	0.00696
Timing=1	17	0.878	(0.595-0.968)	NA	1315-NA	

すべての要素の検定結果のサマリー表

　Kaplan-Meier 曲線を見ると、年齢差の影響はさほど大きくない（2 本の曲線が離れていない）ようですが、**2人の自宅の時間的距離、2人の関係、カップル成立時の状況は影響している**ように見えます。

　実際、解析結果のサマリーを見ると、Logrank 検定の P 値は順に 0.13、0.00085、0.012、0.0070 であり、年齢差以外の因子は、カップル継続期間に有意に影響しているようです。

でもまだ、確認しておくべきことがあるんですよ。
この後、お話しますね。

POINT

ログランク検定：2群の生存期間の比較

■ 「すべての時点において2群のイベント発生率に差はない」
という帰無仮説を検定します。

■ **一般化 Wilcoxon 検定**を用いると
早期のイベント発生の差を検出しやすくなりますが、
一般的には **Logrank 検定**が用いられることが多いです。

5-3 イベント発生までの時間には どのような条件が影響しているの？

～生存に関する回帰分析 (Cox 比例ハザードモデル)～

 前回、新製品のパンについてのアンケート結果を解析したときに、「**交絡**」についてお話したのを覚えていますか？（P.119 参照）

 あ！ よく覚えています。相関関係が確認できても、本当に重要な要素だとは限らない。他の本当に重要な要素（因子）との関連で、たまたま有意に見えてしまっているかもしれないから…ということでしたね。

 そのとおりです。前回と同じように、今回も**多変量解析**で検証してみましょう。

　それぞれの要素が互いに関連している可能性があるので、各要素が独立してカップル継続期間に影響を与えているかを多変量解析で検証します。

　生存期間のデータに対する多変量解析は、**Cox 比例ハザード回帰**で行います。独立変数はカテゴリー変数でも連続変数でも構いませんが、3 値以上のカテゴリー変数の場合はダミー変数を用います。連続変数の場合はその値の変化が生存期間に対して常に一定の影響を及ぼす（例えば、年齢なら 20 歳と 21 歳の違いと、50 歳と 51 歳の違いが同じ影響を与える）という前提が必要になります。

　モデル全体の有用性は、「すべての回帰係数が 0 である」という帰無仮説を検定する尤度比検定や Wald 検定などの結果で評価します。そしてさらに、「それぞれの独立変数について、回帰係数が 0 である」という帰無仮説に対する検定が行われます。

　比例ハザード回帰分析を行うためには、**比例ハザード性**（P.165 コラム参照）が保たれていることが前提として必要です。

比例ハザード回帰分析は、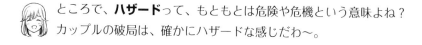**統計解析 → 生存期間の解析 → 生存期間に対する多変量解析（Cox 比例ハザード回帰）** で行います。

ℝ 生存期間に対する多変量解析(Cox比例ハザード回帰) ✕

モデル名を入力：CoxModel.9
変数（ダブルクリックして式に入れる）
Age
DaysToEvent
Distance
Event
Relationship
Timing

> 変数をダブルクリックすると
> 自動的に以下のモデル式の中に
> 入力される。モデル式の中に
> 直接書き込むことも可能。

モデル式： + * : / %in% - ^ ( )

時間 DaysToEver , イベント Event ～ 説明変数 Age + Distance + Relationship + Timing
< > < > < >

層別化因子は + strata(#####)と入力する ↑↑↑

☐ 3レベル以上の因子についてその因子全体のP値の計算(Wald検定)
☑ 比例ハザード性の分析を行う。

> **比例ハザード性**を検定
> する際に指定する。

☐ マルチンゲール残差をプロットする
☐ ベースラインの生存曲線を示す。
☐ モデル解析用に解析結果をアクティブモデルとして残す
☐ AICを用いたステップワイズの変数選択を行う。
☐ BICを用いたステップワイズの変数選択を行う。
☐ P値を用いたステップワイズの変数選択(減少法)を行う。
↓一部のサンプルだけを解析対象にする場合の条件式。例: age>50 & Sex==0 や age<50 | Sex==1
<全ての有効なケース>

⊗ ヘルプ　　↩ リセット　　✓ OK　　✖ キャンセル　　↪ 適用

✓ OK をクリックすると、解析結果が次のページのように出力されます。

ところで、**ハザード**って、もともとは危険や危機という意味よね？
カップルの破局は、確かにハザードな感じだわ～。

そうですね。そして、ここでのハザードは、**ある時点での瞬間のイベント（破局）発生確率**という意味になるんですよ。

```
> (res <- summary(CoxModel.9))
Call:
coxph(formula = Surv(DaysToEvent, Event == 1) ~ Age + Distance +
    Relationship + Timing, data = Dataset, method = "breslow")

  n= 72, number of events= 40

                 coef exp(coef) se(coef)       z Pr(>|z|)
Age           0.5110    1.6669   0.3904   1.309  0.19053
Distance      0.6855    1.9847   0.3865   1.773  0.07617 .
Relationship  0.4872    1.6278   0.1621   3.006  0.00265 **
Timing       -1.2196    0.2953   0.5449  -2.238  0.02519 *
---
Signif. codes:  0 '***' 0.001 '**' 0.01 '*' 0.05 '.' 0.1 ' ' 1

                exp(coef) exp(-coef) lower .95 upper .95
Age                1.6669     0.5999    0.7756    3.5825
Distance           1.9847     0.5039    0.9304    4.2335
Relationship       1.6278     0.6143    1.1848    2.2364
Timing             0.2953     3.3860    0.1015    0.8592

Concordance= 0.714  (se = 0.042 )
Likelihood ratio test= 25.79  on 4 df,   p=0.00003
Wald test            = 23.86  on 4 df,   p=0.00009
Score (logrank) test = 26.54  on 4 df,   p=0.00002
```

> 左から順に
> 各変数のハザード比（対数）
> ハザード比、標準誤差、
> z 値、P 値。

> 左から順に
> 各変数のハザード比、
> ハザード比の逆数、
> 95% 信頼区間。

> モデル全体の有用性の検定。Likelihood ratio test は尤度比検定。
> Wald 検定は z 検定と、Score 検定は logrank 検定と同様の検定。

> 左から順に**ハザード比**、その 95%信頼区間の下限、上限、P 値。

```
> cox.table
             ハザード比 95%信頼区間下限 95%信頼区間上限       P値
Age             1.6670          0.7756          3.5820 0.190500
Distance        1.9850          0.9304          4.2330 0.076170
Relationship    1.6280          1.1850          2.2360 0.002645
Timing          0.2953          0.1015          0.8592 0.025190
> windows(width=7, height=7); par(lwd=1, las=1, family="sans", cex=1, mgp=c(3.0,1,
+   0))
> oldpar <- par(oma=c(0,0,3,0), mfrow=c(2,2))
> plot(cox.zph(CoxModel.1), df=2)
> par(oldpar)
> print(cox.zph(CoxModel.1))
             chisq df     p
Age           4.260  1 0.039
Distance      0.736  1 0.391
Relationship  4.969  1 0.026
Timing        0.165  1 0.685
GLOBAL        7.787  4 0.100
```

> 各変数の**比例ハザード性**の
> 検定結果。

159

出力ウィンドウの上の方に、比例ハザード回帰モデルの解析結果が表示されています。詳細は割愛しますが、下の方にあるモデル全体の効果の検定結果はこの比例ハザードモデルの「すべての回帰係数が0である」という帰無仮説に対するP値で、これが有意であればこのモデルに予測能力があるということになります。

> cox.table の下の表に、各要素のハザード比、ハザード比の95%信頼区間、P値が示されています。

ハザードというのは、**ある時点での瞬間のイベント発生確率**（今回の例でいえば、ある時点で継続しているカップルが、これからの期間Δtの間に破局する確率について、そのΔtを0に近づけた値）を意味します。

時間経過とともに継続しているカップルの数が減少するので、ハザードが一定でも Kaplan-Meier 曲線の傾きは徐々に小さくなります。ハザード比は、この瞬間的なイベント発生確率の比を表すので、**ハザード比が1であれば2群のイベント発生リスクは同等**ということになります。

例えば、Timing のハザード比は約 0.30 なので、失恋直後に成立したカップルは、それ以外のカップルと比較して、破局する確率が非常に小さい（10分の3程度）ということになります。また、その95%信頼区間が 0.10〜0.86 で、区間に1が含まれていないので統計学的に有意であることがわかります。実際、P値も 0.05 未満ですね。

ところが、ここで問題があります。Relationship の結果がおかしいのです！本来、**4群の比較であるはずなのに、1つの結果しか表示されていません。**

データを見直すと、Relationship は 0、1、2、3 の数値で群分けされています。そのため、EZR は Relationship のデータを連続変数とみなして、この数値が1増えるごとのハザード比を計算していたのです。本来はカテゴリー変数として扱わなければならないので、**連続変数からカテゴリー変数への変換**が必要となります。

あわわ…トラブル発生ですね…！　でも、落ち着いて対処すれば大丈夫
ですよね。

アクティブデータセット → 変数の操作 → 連続変数を因子に変換する

で、Relationship を選択します。因子水準は、実際の各群の名称を文字列で打
ち込む方が結果が見やすいのですが、手間を省くために数値にします。

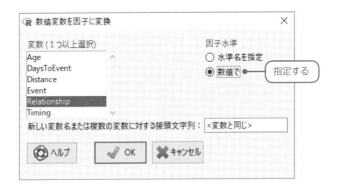

| OK | をクリックすると、さらに下のダイアログが表示されますので、
| Yes | を選択します。

 これで、連続変数を因子に変換することができました。
さあ、これから再度、比例ハザード回帰分析を行っていきますよ。

この変換を行ったうえで、もう一度比例ハザード回帰分析を行います。

ダイアログを開くと、今度は変数のウィンドウの中の Relationship のところに [**因子**] と書かれていることがわかります。また、4群の比較ですので、オプションで「3レベル以上の因子についてその**因子全体のP値**の計算」も指定します。

生存期間に対する多変量解析(Cox比例ハザード回帰)

モデル名を入力：CoxModel.2

変数（ダブルクリックして式に入れる）
Age
DaysToEvent
Distance
Event
Relationship [因子] ●━━━ [因子] と書かれている。
Timing

モデル式：　+　*　:　/　%in%　-　^　(　)

時間 DaysToEver , イベント Event ～ 説明変数 Age + Distance + Relationship + Timing

層別化因子は + strata(#####)と入力する ↑↑↑

☑ 3レベル以上の因子についてその因子全体のP値の計算(Wald検定)● ━━ その因子全体の**P値**を計算する際に指定する。
☑ 比例ハザード性の分析を行う。
☐ マルチンゲール残差をプロットする
☐ ベースラインの生存曲線を示す。
☐ モデル解析用に解析結果をアクティブモデルとして残す
☐ AICを用いたステップワイズの変数選択を行う。
☐ BICを用いたステップワイズの変数選択を行う。
☐ P値を用いたステップワイズの変数選択(減少法)を行う。
↓一部のサンプルだけを解析対象にする場合の条件式。例: age>50 & Sex==0 や age<50 | Sex==1
<全ての有効なケース>

⚙ ヘルプ　↶ リセット　✓ OK　✖ キャンセル　↪ 適用

すると、今回は Relationship が正しくカテゴリー変数として扱われている
ことがわかります。

```
出力
> cox.table
                   ハザード比 95%信頼区間下限 95%信頼区間上限      P値
Age                   1.5140         0.7072         3.2390 0.285700
Distance              2.2940         1.0500         5.0110 0.037250
Relationship[T.1]     2.4940         0.9560         6.5050 0.061760
Relationship[T.2]     2.3580         0.8877         6.2640 0.085250
Relationship[T.3]     5.4960         1.9600        15.4100 0.001201
Timing                0.3113         0.1044         0.9288 0.036400

> waldtest(CoxModel.2)

因子全体のP値 Relationship :  0.01470381
```

　0、すなわち「もともとの友人のカップル」と比較して、「大学の同級生・
バイトの同僚のカップル」、「知人の紹介のカップル」、「SNS のカップル」の
ハザード比が示されています。

　この因子全体の P 値は Wald 検定で 0.015 であり、すべての群が同じである
という帰無仮説は棄却されています。そして各群の比較で見ても、ハザード比
は 2.4 〜 5.5 と高く、P 値も 0.05 前後なので、**もともとの友人の場合だけが特
に破局のリスクが低い**ようです。

　むむ〜。友人同士が長続きするってことか。なんだか少し残念かも。
　片思い中の竹橋さんって、「バイトの同僚」なんだもん〜。

　…って、もうこんな時間！？　やばっ！　今日急にバイトが入っちゃって、
　もう行かなきゃ！　2 人はまだ勉強の話をするんでしょ？
　奈央、また夜にね〜。海樹くんもまた今度ね〜！

　あ、はーい。バイト頑張ってくださいね。

　（……！　ど、どうしよう。私と海樹くん、2 人きりだーー！！！）

POINT

比例ハザード回帰分析：
生存期間に対する回帰分析

- 原因を表す独立変数は連続変数でもカテゴリー変数でも良いです。
  ただし、連続変数の場合は、その値の変化が結果に対して
  及ぼす影響が常に一定である（例えば、20 歳と 21 歳の違いは、
  50 歳と 51 歳の違いと同じ）という前提が必要となります。

- **比例ハザード性**が保たれていることが、前提として必要となります。

- **モデル全体の有用性**は、尤度比検定や Wald 検定による
  「すべての回帰係数が 0 である」という帰無仮説の検定結果で
  評価し、その後、それぞれの独立変数について、
  「その回帰係数が 0 である」という帰無仮説に対する検定を行います。

比例ハザード性

　各群の時間あたりの**イベント発生リスク（ハザード）**が時間とともに変化したとしても、「常に A 群のイベント発生のリスクが、B 群のリスクの 2 倍で一定である」というような場合は、**比例ハザード性が維持されている**といえます。

　逆に、途中で交差するような Kaplan-Meier 曲線であれば、**比例ハザード性は保たれていません。**

　下の左の図は、観察開始後早期も観察開始後晩期も常に細線の傾き（減少の仕方）が太線の傾きよりもやや大きく、その比はほぼ一定で比例ハザード性が保たれているように見えます（曲線の傾きはハザードだけでなく、その時点での観察サンプル数によって決定されるので、厳密には傾きで評価することは正しくないのですが、おおよその比例ハザード性の評価は可能です）。

　一方、右の図では、観察開始後早期は細線の傾きが大きいのに対して、観察開始後晩期は太線の傾きが大きく、時間とともにハザード比が逆転しているので、比例ハザード性は保たれていません。

　P.159 のように、比例ハザード性の検定結果で評価することも可能です。

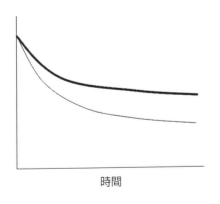

時間

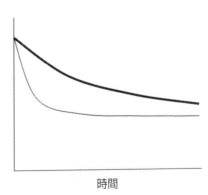

時間

▲▼ 学習後のあれこれ。そして… ▲▼

 そんなわけで、奈央さんが集めたデータを解析した結果、

> ・遠距離ではない　　・友人同士　　・失恋直後

が、長続きしやすいカップルの条件ということになりましたね。

 あ、あの…。ちなみに私は群馬在住ですが、東京までは2時間未満で、**遠距離ではない**んです。
そして私と海樹くんは、今回の分類にあてはめると、**友人同士**かなぁ、なんて…。

 ふむ。確かに僕たちは、同級生や同僚、SNSや誰かの紹介ではありませんからね。

 さらに、海樹くんは……**失恋直後**ですよねっ!?
つまり私たちは、3つの条件がぴったり当てはまるなぁ…って。

 えっ!? 僕が失恋直後???

 ご、ごめんなさい! 辛いことを指摘してしまって。
海樹くんは、最初にLINE交換したとき嬉しそうだったし!
この前のパン屋さんでは落ち込んでたし!!
モモちゃんのことが好きだったんですよね…。

 誤解ですっ。それは奈央さんの思い込みですよー!
あのですね、LINEは**3人**で、交換できたから嬉しかったんです。

そして、この前落ち込んだのは…。**奈央さん**が、あのパン屋さんの男性のことを「すごくカッコイイ」と言っていたから……。

 (えっ、そ、それって……!!!??)

コホン。と、ところで、このデータはどうやって集めたんですか？

 ひーっ、ごめんなさいっ！！
実は…カップルのデータは私が捏造したものなんですーー！！！
都合のいいデータで、海樹くんを少しずつ洗脳しようと思って…！

 ええぇっ！ 奈央さんって、やっぱり個性的で面白い人です。ふふっ。
それに…、架空のデータを作れるぐらいに、いつの間にか成長していたんですね。

 わ、私なんて、まだまだです…。そしてもう、捏造はしませんから！
良かったら、これからも EZR について教えてください〜っ！

 もちろんです。さあ、次は何を解析してみましょうか。

付　録

◆ 付録では、**EZR**で用いるデータファイルの作り方、
　EZRのインストール方法、EZRの操作方法を解説します。

◆ EZRを使うと、本文で紹介しきれなかった数多くの
　統計解析手法も、**マウス操作でカンタン**に実行できます。
　「自分でデータを準備して統計解析をしてみたい！」
　という場合には、この付録を参照してみてください。

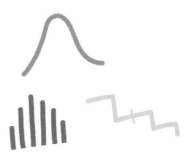

appendix

付録1 表計算ソフトを使ってみよう！
〜データファイルの作り方〜

　解析に用いるデータファイルは Microsoft Excel などの表計算ソフトを使用するのが便利です。LibreOffice Calc などのフリーソフトや Google スプレッドシートなどの Web アプリを使用しても構いません。

　多くの場合、一つひとつのサンプルに複数の項目のデータがありますので、個々のサンプルのデータを同じ行（横に連続するセル）に並べて、複数のサンプルのデータを縦に重ねていきます。

　例えば、アンケート調査で、**「質問 A、B、C、D に対する回答のデータファイル」** を作成する場合は下図のような形式になります。

	A	B	C	D	E
1	回答者	質問A	質問B	質問C	質問D
2	1	はい	34	東京	春
3	2	はい	26	東京	秋
4	3	いいえ	18	埼玉	夏
5	4	いいえ	42	千葉	冬
6	5	はい	33	神奈川	春
7	6	いいえ	21	東京	夏
8	7	はい	29	さいたま	春
9	8	いいえ	44	神奈川	秋
10	9	いいえ	19	東京	冬
11	10	いいえ	30	千葉	夏

項目名（変数名）

データ

EZR では、**項目名 (変数名)** に日本語 (全角文字) を使用することもできますが、他の統計ソフトには日本語を使用できないものもあるので、半角の英数字や記号にしておくほうが無難です。ただし、記号については、カンマ (,) やスペースや演算子の文字 (+、−、*、/、=、!、$、% など) を使うことはできません。また、項目名の 1 文字目に数字を使うこともできません。

EZR は、全角と半角の違いはもちろん、半角の大文字と小文字の違いなども厳密に別の文字として扱うので、注意が必要です。

 ええっと、さっきのデータファイルの例では、1 行目の項目名の部分が「回答者、質問 A、質問 B、…」になっていますね。
他の統計ソフトでも解析する可能性があるなら、半角英数字のみにするのがいいんですね。

EZR は、Excel のファイル形式 (拡張子 .xlsx や .xls など) のファイルや CSV 形式のファイル (拡張子 .csv のテキストファイルで、各データをカンマで区切ったもの) を読み込むことができるので、データファイルはこれらのいずれかの形式で保存します。ただし、CSV ファイルは、カンマ (,) のところでセルの分かれ目と判断してしまうので、表の中ではカンマを使うことはできません。

また、Windows で作成した CSV ファイルを macOS で読み込む場合や、あるいはその逆の場合にエラーが生じる場合があります。そのような際にはテキストエディタ (Windows なら Notepad++、macOS なら mi などのフリーソフトでよいです) で、改行コードとテキストエンコーディングをそれぞれの機種 (OS) にあわせた形式に変更して保存しておく必要があります。

 Windows なら、改行コードは CR+LF、テキストエンコーディングは Shift-JIS か UTF-8 です。macOS なら、改行コードは CR、テキストエンコーディングは UTF-8 ですよ。

フリー統計ソフトEZRを導入しよう！
～EZRのインストール方法～

付録2

　EZRという統計ソフトは、R言語という、世界的にも広く用いられている統計言語（プログラミング言語の一種）で構築されています。世界中の多くの有志が協力して無償で配布している統計言語で、信頼性も高く、FDA（米国食品医薬品局）などでも採用されています。しかし、プログラミングというだけあって、複雑な言語仕様を覚えないと解析できません。

　そこで、RコマンダーというパッケージをRに組み込むことで**マウス操作での統計解析**を可能にし、さらにRコマンダーのカスタマイズ機能で様々な統計解析機能を組み込んで完成したのが、EZR（Easy R)です。

　さあ、いよいよEZRをインストールするわ。
　とある病院のホームページにアクセスするのね〜。

　EZRのインストール方法には、Rをインストールして、必要なパッケージを順次インストールしていくという方法がありますが、Windowsの場合は、必要なファイルすべてを自動的にインストールしてくれるセットアッププログラムを用いる方法が簡単です。このプログラムファイルは、**自治医科大学附属さいたま医療センター血液科**のホームページの中の「無料統計ソフトEZR（Easy R)」のページ
http://www.jichi.ac.jp/saitama-sct/SaitamaHP.files/statmed.html
からダウンロードできます。

　本書ではWindows用のEZRセットアッププログラムを用いたインストール方法を紹介しますが、macOSやLinuxなど他のOSへのインストール方法については、上記のホームページを参照してください。

**自治医科大学附属さいたま医療センター
血液科のホームページへようこそ。**

自治医科大学附属さいたま医療センター
Jichi Medical University Saitama Medical Center

| ホーム | 施設紹介 | 移植診療 | 受診の案内 | 研修・研究 | 統計ソフトEZR |

フリー統計ソフトEZR

EZRの解析機能

EZRの使い方、変更履歴

ダウンロード（Windows標準版）

ダウンロード（MacOS X版）

ダウンロード（LINUX版）

よくあるご質問（FAQ）

English version

******** **Click here for English version** ********

`724841`
（2012年6月11日のページ改訂後のアクセス数です。）

2020年10月15日　EZR version 1.53公開

2014年11月初心者向けマニュアル刊行

2015年4月EZRマニュアル第2版刊行

（↑クリックすると立ち読みすることができます）

2016年10月みんなのEBMと臨床研究刊行

（↑EBMの基礎、新倫理指針に適応した臨床研究の進め方、論文の書き方をまとめています）

1.23からサンプルの背景データのサマリー表(Table 1)を自動作成する新機能を搭載！

1.40から傾向スコアマッチングなどで必要なキャリパーマッチングに対応!!

1.50から線形混合モデル解析、標準化累計算機能、IPTW自動重みづけ機能等を追加!!

1.51からネットワークメタ解析、時間依存性変数を含むFine-Gray比例ハザード回帰等を追加!!

1.52から複数の時間依存性変数が使用可能に！

動作確認済OS Windows XP〜10、Mac OS X Snow Leopard〜Catalina、Ubuntu 11.10〜20.04

EZRを使用した学術論文を発表される場合は
Bone Marrow Transplantation 2013; 48, 452–458
を参考文献として引用くださいますようお願いいたします。

▲自治医科大学附属さいたま医療センター血液科のホームページの中の
「無料統計ソフト EZR（Easy R）」のページ

Windows 用の EZR セットアッププログラムを用いたインストール

　「無料統計ソフト EZR（Easy R）」のページの左のメニューから、「ダウンロード（Windows 標準版）」のページを開き、「Windows 版はここをクリックしてダウンロードしてください」の部分をクリックして、セットアッププログラムをダウンロードし、実行します。あとは表示されるメッセージにしたがって進めます。

　特殊な事情がない限り、インストールフォルダーは標準で設定されている C:¥Program Files¥EZR のままでよいです。すでに古いバージョンの EZR がインストールされている場合は、あらかじめ EZR のアンインストールプログラムを使ってアンインストールしておきましょう。

インストールが完了すると、デスクトップに EZR を起動するためのショートカットが現れます。これをダブルクリックすると EZR が起動します。

32 ビット版と 64 ビット版の両方の EZR がインストールされ、それぞれのショートカットが作成されますが、32 ビットの Windows を使用されている場合は 64 ビット版の EZR を起動することはできません。

EZR (64-bit)

EZR (32-bit)

▲ デスクトップに現れる EZR のショートカット

　この EZR のショートカットを右クリックしてプロパティを開き、**表示され
たダイアログの「ショートカット」のタブ**をクリックすると作業フォルダーな
どの設定を変更することができます。

 ダイアログは、データの入力や指定のために、操作中に出てくる小さな
ウィンドウのことですね。

▲EZR のショートカットのプロパティ

「作業フォルダー」は "C:¥EZRDATA" となっていて、これがデータを保存する既定のフォルダー（データフォルダー）です。データフォルダーを変更したい場合はこの「作業フォルダー」の欄を書き換えればよいです。

　Windows の C ドライブの Program Files フォルダーはユーザーアカウント制御がかかっていますが、EZR のショートカットのプロパティで「互換性」のタブから「管理者としてこのプログラムを実行する」をチェックしておけば管理者として実行されるので、Program Files フォルダー内にもアクセスできるようになります。

トラブルシューティング

　EZR のインストールや解析操作などについて質問がある場合は、無料統計ソフト EZR のホームページから「よくあるご質問（FAQ)」のページを開いてお読みください。

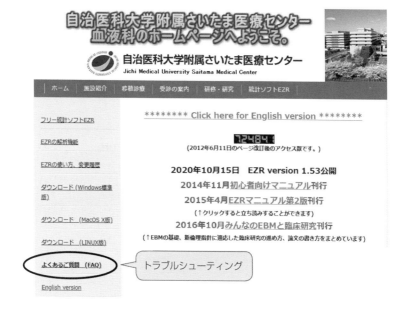

付録3 フリー統計ソフトEZRを使ってみよう！
～EZRの操作方法～

RのウィンドウとEZRのウィンドウ

　EZRを起動すると、下図のように2つのウィンドウが現れます。

　1つは左上に「R Console」と書かれた**R本体のウィンドウ**で、もう1つの「Rコマンダー」と書かれたウィンドウが**EZRのウィンドウ**です。

　実際のマウスでの解析操作は、右の「Rコマンダー」と書かれたウィンドウだけで行います。

　なお、以下の画面はWindows用のEZRセットアッププログラムを使用してインストールした場合のものであり、他の方法でインストールした場合はEZRのライセンスに関する説明が表示されないなどの違いがありますが、使用方法は同じです。

Rのウィンドウ

EZRのウィンドウ

これから詳しく説明します！

ほほーう。これが **「Rのウィンドウ」** というわけね。

```
R Console (64-bit)                                                      ─  □  ✕

ファイル  編集  その他  パッケージ  ウィンドウ  ヘルプ

R version 4.0.2 (2020-06-22) -- "Taking Off Again"
Copyright (C) 2020 The R Foundation for Statistical Computing
Platform: x86_64-w64-mingw32/x64 (64-bit)

R は、自由なソフトウェアであり、「完全に無保証」です。
一定の条件に従えば、自由にこれを再配布することができます。
配布条件の詳細に関しては、'license()' あるいは 'licence()' と入力してください。

R は多くの貢献者による共同プロジェクトです。
詳しくは 'contributors()' と入力してください。
また、R や R のパッケージを出版物で引用する際の形式については
'citation()' と入力してください。

'demo()' と入力すればデモをみることができます。
'help()' とすればオンラインヘルプが出ます。
'help.start()' で HTML ブラウザによるヘルプがみられます。
'q()' と入力すれば R を終了します。

Registered S3 methods overwritten by 'lme4':
  method                          from
  cooks.distance.influence.merMod car
  influence.merMod                car
  dfbeta.influence.merMod         car
  dfbetas.influence.merMod        car
lattice theme set by effectsTheme()
See ?effectsTheme for details.
  要求されたパッケージ rgl をロード中です

EZRはRと同様に「完全に無保証」です。
EZRの再配布の条件もRやRコマンダーと同様です。
オリジナルのRコマンダーからの変更点は以下になります。
1. //Rcmdr//etcフォルダのRcmdr-menus.txtをEZR用の同名のファイルに置き換えました(Rコマンダーのメニューファイル)。
2. EZRのメインのスクリプトファイルであるEZR.R (written by Y.Kanda)を//Rcmdr//etcフォルダに加えました。
3. //Rcmdr//po//ja/LC_MESSAGESフォルダのR-Rcmdr.moをEZR用の同名ファイルに置き換えました(翻訳用ファイル)。
4. //Rcmdr//po//ja/LC_MESSAGESフォルダのR-Rcmdr.poをEZR用の同名ファイルに置き換えました(翻訳用ファイル)。
5. RcmdrパッケージのCommander.Rファイルにわずかな修正を加えました。

-----------------------------------
EZR on R commander を起動します。
    Version 1.53
操作はRコマンダーのウィンドウで行ってください。
-----------------------------------

以下の論文を参考文献として引用ください
Bone Marrow Transplantation 2013;48,452-458

読み込んだファイル: EZR.R

Rcmdrのバージョン 2.7-0

 起動準備中です - 警告メッセージ:
  パッケージ 'Rcmdr' はバージョン 4.1.0 の R の下で造られました
> |
```

> 最初にRのバージョンが表示される。

> Rのライセンスに関する説明。

> EZRのライセンスに関する説明。

> **スクリプト**で解析する場合は、ここにスクリプトを入力する。EZRだけを用いる場合は、このウィンドウは使用しない。

▲Rのウィンドウ

これは**「EZR のウィンドウ」**ですね。この中にある３つのウィンドウ「スクリプトウィンドウ」「出力ウィンドウ」「メッセージウィンドウ」については、次のページで詳しく説明するそうです。

解析対象にする
データセット
を指定する。

解析対象のデータセットを編集、表示、保存するボタン。
ただし、Windows 用の EZR セットアッププログラム
以外の方法でインストールした場合は「保存」ボタンは
表示されない。

解析で作成したモデルを選択し、
さらに次の解析に用いることが
できるが、EZR では通常は使用
しない。

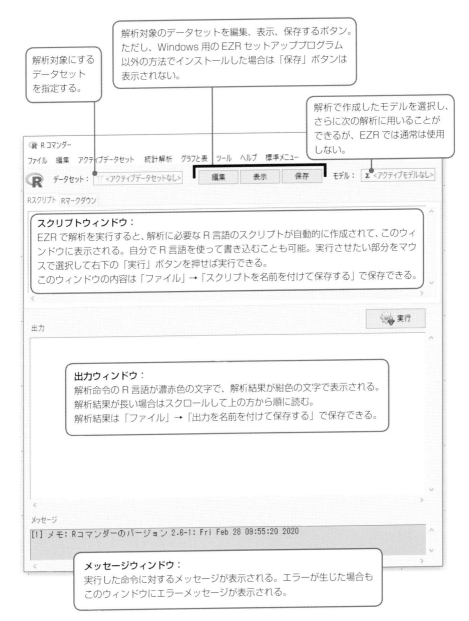

スクリプトウィンドウ：
EZR で解析を実行すると、解析に必要な R 言語のスクリプトが自動的に作成されて、このウィンドウに表示される。自分で R 言語を使って書き込むことも可能。実行させたい部分をマウスで選択して右下の「実行」ボタンを押せば実行できる。
このウィンドウの内容は「ファイル」→「スクリプトを名前を付けて保存する」で保存できる。

出力ウィンドウ：
解析命令の R 言語が濃赤色の文字で、解析結果が紺色の文字で表示される。
解析結果が長い場合はスクロールして上の方から順に読む。
解析結果は「ファイル」→「出力を名前を付けて保存する」で保存できる。

メッセージウィンドウ：
実行した命令に対するメッセージが表示される。エラーが生じた場合もこのウィンドウにエラーメッセージが表示される。

▲EZR のウィンドウ（Windows 版）

179

EZR ウィンドウの中の3つのウィンドウ

EZR ウィンドウの中には「スクリプトウィンドウ」、「出力ウィンドウ」、「メッセージウィンドウ」の3つのウィンドウがあります。

上にあるのが「スクリプトウィンドウ」で、解析を実行するとその解析に必要な R 言語のスクリプト（統計解析を命令するプログラム）が自動的に作成されて、このウィンドウに表示されます。

ここに自分で R 言語のスクリプトを書き込むこともできます。その場合は、実行させたいスクリプトをマウスで選択して右下の ｜ 実行 ｜ ボタンを押せば実行されます。

```
#####既存のデータセットを読み込む#####
load("W:/STATADATA/Tbil20.rda")
#####指定した条件を満たす行だけを抽出したデータセットを作成する#####
Tbil20 <- subset(Tbil20, subset=Age>=40)
library(abind, pos=4)
#####分割表の作成と群間の比率の比較（Fisherの正確検定）#####
Fisher.summary.table <- NULL
.Table <- xtabs(~ABOmajor+AGVHD24, data=Tbil20)
.Table
fisher.test(.Table)
res <- fisher.test(.Table)
Fisher.summary.table <- rbind(Fisher.summary.table,
  summary.table.twoway(table=.Table, res=res))
remove(res)
colnames(Fisher.summary.table)[length(Fisher.summary.table)] <-
  gettextRcmdr( colnames(Fisher.summary.table)[length(Fisher.summary.table)])
Fisher.summary.table
remove(.Table)
```

▲スクリプトファイルのサンプル。解析ごとに「#####」で始まる説明行が挿入されているので、実施した解析の履歴を確認しやすい。

中ほどにある大きなものが「出力ウィンドウ」で、ここに解析の結果が表示されます。解析結果が長い場合はスクロールして上の方から順に確認します。

下にある小さなものが「メッセージウィンドウ」で、実行した統計解析に対するメッセージが表示されます。エラーが生じた場合もこのウィンドウにエラーメッセージが表示されるので、思ったような結果が得られなかった場合はこのウィンドウを確認します。

EZR のウィンドウの上部にあるメニューバーには、「**ファイル**」、「**編集**」、「**アクティブデータセット**」、「**統計解析**」、「**グラフと表**」、「**ツール**」、「**ヘルプ**」、「**標準メニュー**」の 8 つのメニューアイテムがあり、それぞれに表に示すようなコマンドが含まれています。

この部分ね！

ファイル	データセット、スクリプトファイルなどの読み込みや保存 EZR の終了
編集	各ウィンドウ内でのコピー&ペーストや検索
アクティブデータセット	変数や行の操作、欠損値の操作など、データセットの編集
統計解析	実際に解析を行う様々なコマンド
グラフと表	グラフや表を作成するためのコマンドやグラフの大きさなどの設定
ツール	EZR ウィンドウ内のフォントの色や大きさなどの詳細な設定
ヘルプ	EZR や R コマンダーの簡単な説明
標準メニュー	EZR のベースである R コマンダーに含まれているメニュー

データファイルの読み込み

Excel などの表計算ソフトで作成したデータファイルを、EZR に読み込んでみましょう。そのファイルが Excel ファイル形式で保存されている場合は、

🖱 **ファイル → データのインポート → Excel のデータをインポート** を選択します。

ただし、ファイル名に全角文字が使用されている場合や、全角文字を含む名前のフォルダーにファイルが保存されている場合は、読み込むことができないので、半角文字への修正が必要です。

 例えば、「C:¥Users¥海樹¥Documents」というフォルダーは、「海樹」という全角文字をフォルダー名に含むので、この中にある Excel のデータはインポートできません。

データファイルを読み込むときに、データセットの名前を指定します。EZR で解析する際にはその名前を使用することになります。データセットの名前も、項目名（変数名）と同じような制限があり、カンマ (,)、スペース、演算子の文字（+、−、*、/、=、!、$、% など）も使うことができず、1 文字目に数字は使うことができません。また、そのデータセットの中に含まれる変数の名前と同じデータセット名は使用しないようにします。

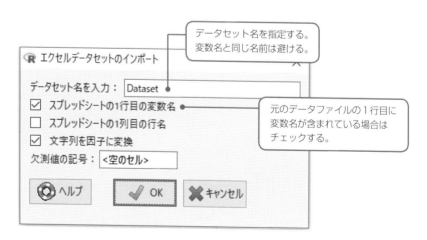

CSV ファイルを読み込む際には、🖱 **ファイル → データのインポート →**
ファイルまたはクリップボード，URL からテキストデータを読み込む としま
す。このとき現れる下のダイアログで、「データファイルの場所」は「ローカ
ルファイルシステム」、「フィールドの区切り記号」は「カンマ」に指定します。

また、表計算ソフトやインターネットのホームページ上から、直接コピー
＆ペーストで読み込むこともできます。この方法はデータファイルの必要な
部分だけを読み込むことができるので便利です。例えば Excel で読み込みた
い部分だけを選択してコピーしておき、🖱 **ファイル → データのインポート**
→ ファイルまたはクリップボード，URL からテキストデータを読み込む で、
「データファイルの場所」を「クリップボード」に、「フィールドの区切り記号」
を「タブ」に指定することによって EZR で読み込むことができます。

Ⓡ ファイルまたはクリップボード，URL からテキストデータを読み込む

データセット名を入力：   Dataset ●——→ データセット名を指定する。変数名と同じ名前は避ける。

ファイル内に変数名あり： ☑ ●——→ 1 行目に変数名が含まれている場合はチェックする。

列数があわない場合に調整する： ☑

文字列の場合にも空欄は欠損値(NA)として読み込む： ☑ ●——→ 文字列の場合に空欄を欠損値として扱うか、空白を表す文字列として扱うかを指定する。

空欄以外に欠損値として読み込むべき記号： NA ●

データファイルの場所 ●

NA のままでよい。

◉ ローカルファイルシステム

○ クリップボード →ファイルから読み込む場合は「ローカルファイルシステム」、表計算ソフトなどからコピー＆ペーストで読み込む場合は「クリップボード」を指定する。

○ インターネットの URL

フィールドの区切り記号 ●

○ 空白

◉ カンマ →項目を区切る記号を指定する。表計算ソフトで作成した CSV ファイルなら「カンマ」、コピー＆ペーストなら「タブ」を指定する。

○ タブ

その他 ○   指定： □

小数点の記号

◉ ピリオド[.] ●——→ 通常はピリオド

○ カンマ[,]

⚙ ヘルプ   ✓ OK   ✖ キャンセル

そして、読み込んだデータセットは ![マウス]ファイル → アクティブデータセットを保存する で保存できます。保存したデータセットはRのオリジナルのファイル形式（拡張子が.rda）となり、次回からは ![マウス]ファイル → 既存のデータセットを読み込む で直接的に読み込むことができるようになります。

EZR上でデータの編集を行った場合、編集後のデータセットは保存しておかないと、Rを終了した時点で消失してしまいます。

EZRメニューバーの下には、データセットを指定するバーがあります（P.179を参照してください）。

EZRは同時に複数のデータファイルを読み込むことができますが、実際に統計解析の対象とするのは1つのデータファイル（アクティブデータセットといいます）であり、アクティブデータは「データセット:」の右の枠内をクリックして指定することができます。

また、その右側の「編集」「表示」「保存」のボタンをクリックすると、それぞれアクティブデータセットを編集、表示、保存することができます。

EZRのダイアログ

メニューから解析項目を選択すると、その解析に必要な様々なデータを指定するウィンドウ（ダイアログと呼ばれます）が表示されます。解析の対象とする変数を指定したり、グラフ描画などのオプションを指定したりすることができます。

また、一部のサンプルだけを解析対象にしたい場合は、その条件式（P.186参照）を入力します。

EZRを起動してから、すでに同じダイアログで解析が行われていた場合は、前回の解析時の設定が反映された状態でダイアログが表示されますが、アクティブデータセットに変更が行われると、リセットされますよ。

必要な情報を指定してから、ダイアログの下部にあるボタンをクリックすることで解析が実行されます。 ✓ OK をクリックすると通常通り解析が実行され、ダイアログは閉じられますが、 ➔ 適用 をクリックすると解析を実行した後にもう一度同じダイアログが開きます。 ↺ リセット をクリックすると変数やオプションの設定が初期値に戻ります。 ⊙ ヘルプ をクリックするとその統計解析に係わる重要な R の関数についての説明ページ（英語）が開き、 ✗ キャンセル をクリックするとそのままダイアログが閉じます。

　解析結果は出力ウィンドウに表示されます。

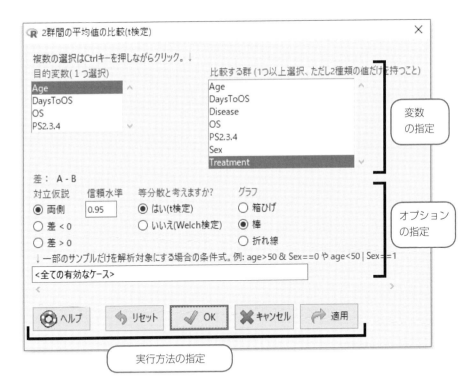

▲2 群間の平均値の比較のダイアログ

EZR での条件式の入力

EZR の条件式では「等しい」は "=="、「異なる」は "!="、「未満」は "<"、「以下」は "<=" で表します。「等しい」は "=" ではなく、等号を2つ並べた "==" であるということに注意しましょう。

また、「Tokyo」のような文字列を値として扱う場合は両側に引用符（"）をつける必要がありますが、数値はそのままでよいです。例えば、「Age という変数が35に等しい」という条件式は **Age==35** であり、「Age が35未満」は **Age<35**、「Age が35以上」は **Age>=35** となります。一方、「文字列を含む変数の Area が Tokyo に等しい」という条件式は **Area=="Tokyo"** であり、「Area が Tokyo と異なる」は **Area!="Tokyo"** となります。

複数の条件式を組み合わせた条件を設定するには、「A かつ B」の場合は **"A&B"**、「A または B」の場合は **"A | B"**（「｜」は Windows なら Shift を押しながら「｜」で入力）とします。例えば「16歳未満の男性」の場合は **Age<16 & Sex=="Male"** となります。

EZR の終了

EZR を終了するときは 🕐 **ファイル → 終了** から、**コマンダーを** あるいは **コマンダーと R を** を選択します。

「コマンダーを」では、EZR（R コマンダー）だけが終了して R の本体のウィンドウは残ります。一方、「コマンダーと R を」では、R 本体も終了します。

データファイルが読み込まれていると、終了時に「アクティブデータセットを保存?」という質問が表示されるので、まだデータファイルを保存していない場合は「Yes」をクリックしてデータファイルを保存します。ただし、アク設定ティブデータセットに指定しているデータしか保存されません。

すべてのデータセットを保存するためには、それぞれのファイルを順にアクティブデータセットに指定して、🕐 **ファイル → アクティブデータセットを保存する** で保存する必要があります。

本書を読み終えた後に
～おすすめの本～

　統計学や統計解析、R言語について書かれた数多くの本から、本書を読み終えた後に手にとっていただきたいものを、いくつかご紹介します。

統計の面白い読み物

- 『ニュートン別冊 ゼロからわかる統計と確率 基本からベイズ統計まで』
  ニュートンプレス（2020）
- 『統計学が最強の学問である データ社会を生き抜くための武器と教養』
  西内 啓 著、ダイヤモンド社（2013）

EZRをもっと勉強したい人に

- 『初心者でもすぐにできる フリー統計ソフト EZR（Easy R）で誰でも簡単統計解析』
  神田 善伸 著、南江堂（2014）
- 『EZRでやさしく学ぶ統計学 EBMの実践から臨床研究まで 改訂3版』
  神田 善伸 著、中外医学社（2020）

Rをもっと勉強したい人に

- 『Rによるやさしい統計学』
  山田 剛史・杉澤 武俊・村井 潤一郎 共著、オーム社（2008）
- 『The R Tips 第3版 データ解析環境Rの基本技・グラフィックス活用集』
  舟尾 暢男 著、オーム社（2017）

索 引

〈著者略歴〉

神田善伸 （かんだ　よしのぶ）

1991 年　東京大学医学部医学科卒業、東京大学医学部附属病院内科研修医
1992 年　JR 東京総合病院内科研修医
1994 年　都立駒込病院血液内科医員
1997 年　東京大学大学院医学系研究科修了、東京大学医学部附属病院無菌治療部医員
1998 年　国立国際医療センター血液内科医員
2000 年　国立がんセンター中央病院幹細胞移植療法室医員
2001 年　東京大学医学部附属病院無菌治療部助手
2005 年　東京大学医学部附属病院血液・腫瘍内科講師
2007 年　自治医科大学総合医学第一講座・同附属さいたま医療センター血液科教授（現職）
2014 年　自治医科大学内科学講座血液学部門教授（現職・兼任）、
　　　　　自治医科大学臨床研究支援センター長

〈主な著書〉
『EZR でやさしく学ぶ統計学　EBM の実践から臨床研究まで　改訂 3 版』（中外医学社）
『初心者でもすぐにできる　フリー統計ソフト EZR（Easy R）で誰でも簡単統計解析』、
『ゼロから始めて一冊でわかる！みんなの EBM と臨床研究』、『造血幹細胞移植診療実践マニュアル　データと経験を凝集した医療スタッフのための道標』（以上、南江堂）
『血液病レジデントマニュアル（第 3 版）』（医学書院）

■本文デザイン：オフィス sawa ／漫画イラスト：サワダサワコ

サラっとできる！

フリー統計ソフト EZR（Easy R）でカンタン統計解析

2020 年 11 月 15 日　　第 1 版第 1 刷発行
2024 年 10 月 10 日　　第 1 版第 5 刷発行

著　　者　神田善伸
発行者　村上和夫
発行所　株式会社 オーム社
　　　　郵便番号　101-8460
　　　　東京都千代田区神田錦町 3-1
　　　　電話　03（3233）0641（代表）
　　　　URL　https://www.ohmsha.co.jp/

© 神田善伸 2020

組版　オフィス sawa　　印刷・製本　三美印刷
ISBN978-4-274-22632-8　Printed in Japan

本書の感想募集　https://www.ohmsha.co.jp/kansou/
本書をお読みになった感想を上記サイトまでお寄せください。
お寄せいただいた方には、抽選でプレゼントを差し上げます。